量子物理，好玩好懂！

⑤ 费曼与量子计算机

量子物理，好玩好懂！

⑤ 费曼与量子计算机

[韩] 李亿周◎著　　[韩] 洪承佑◎绘　　王忆文◎译

北京科学技术出版社

100 层童书馆

小朋友们，大家好。我是漫画家洪承佑。

我从小就很崇拜科学家。科学家研究宇宙万物（包括我们生活的地球）是如何形成和运作的。

假设我们面前有一个苹果，我们先将它对半切开，再分别对半切开，一直这样对半切下去，直到不能再切，会得到什么呢？

答案是原子。原子是构成物质的一种基本粒子。

量子力学研究的就是物质世界中像原子这样的微观粒子的运动规律。

早在古希腊时期，人们就对微观世界产生了疑问并充满了好奇。数千年来，科学家一直在研究原子，现在已经知道原子里面有什么，以及它们是如何运动的。但我们还需要进一步研究。

你们是否好奇历史上都有谁产生过疑问，以及他们分别是如何进行研究的？让我们通过漫画来了解科学家研究科学现象的故事，一起学习原子世界的物理定律。在这套书中，我们的好朋友郑小多将穿越时空，带领你们去探究原子的世界。

大家准备好和小多一起走进肉眼看不见的微观世界了吗？

出发！

洪承佑

要是没有手机和电脑，大家的生活会是什么样的呢？也许你们会觉得好像回到了原始社会。

很多让我们的生活变得便利的科学技术都离不开量子力学。手机和电脑中半导体的工作原理就要通过量子力学来解释。

科学史上有两个年份是"奇迹年"。

第一个年份是1666年。这一年，牛顿发现了万有引力定律和牛顿运动定律，解释了苹果落地的原因和月球运动的规律。

第二个年份是1905年。这一年，爱因斯坦发表了通过光子解释光电效应现象的伟大论文，为量子力学的建立奠定了基础。

牛顿运动定律可以解释肉眼可见的宏观世界，而量子力学则可以解释肉眼看不到的微观世界。

完全理解量子力学是一件非常难的事。

但只要拥有好奇心，你们就可以了解物质是由什么构成的，以及微观粒子是如何相互作用的。

好奇心是科学进步的基石。这套书讲的就是那些怀着好奇心探索物质世界的科学家的故事。从古希腊哲学家德谟克利特到成功完成量子隐形传态的安东·蔡林格，我想借由这些对量子力学做出贡献的科学家的故事带领大家进入微观世界。

李亿周

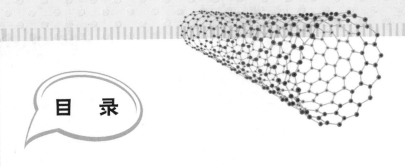

目 录

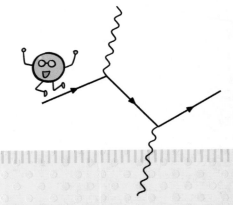

最后一次穿越，一起出发吧！

5

登场人物

郑小多+金敏书+Mix
充满好奇心的三剑客，
一起穿越时空，进行量子力学大冒险

小多的家人
相亲相爱的一家人，
聚在一起时到处是欢声笑语

身份不明的可疑人物
妨碍穿越的可疑人物，
他们到底是什么人？

理查德·费曼
美国物理学家
(1918—1988)

默里·盖尔曼
美国物理学家
(1929—2019)

查尔斯·贝内特
美国物理学家
(1943—)

弗兰克·克洛斯
英国物理学家
(1945—)

斯蒂芬·霍金
英国物理学家
(1942—2018)

西奥多·梅曼
美国物理学家
(1927—2007)

埃里克·德雷克斯勒
美国纳米科学家
(1955—)

安东·蔡林格
奥地利物理学家
(1945—)

第一话
开朗的天才物理学家——费曼

虽然现在是假期，但大家还是积极地来参加活动了！

参观科技馆，当然要来了！

咦，老师！您今天看上去不太一样。

一惊

啊，你说什么？

难道敏书发现了我的秘密？

我是说您今天戴眼镜了。

啊……原来是说眼镜啊。

我想换个风格。

墨……墨镜?

哐

和您以前戴墨镜的时候看起来很不一样。

上次我们去春游的时候……

啊……是吗?

呼——

科学老师仿佛有两副面孔……

好,我们开始参观!

转

老师为什么这么慌张?

对啊……

小多,你看我有什么变化吗?

哟，挺厉害嘛。

你还是像以前一样看不起我吗？

那你肯定也知道爱因斯坦得了诺贝尔物理学奖吧？

当然！因为提出相对论得了奖。

哈哈！

回答错误！是因为成功解释了光电效应得的奖！

光电效应？

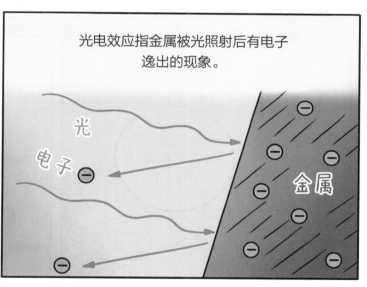

光电效应指金属被光照射后有电子逸出的现象。

光
电子 ⊖
金属

看来光电效应和相对论一样重要啊。

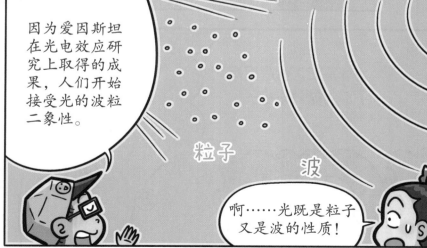

因为爱因斯坦在光电效应研究上取得的成果，人们开始接受光的波粒二象性。

粒子
波

啊……光既是粒子又是波的性质！

光是粒子！

光是波！

科学家们因为这个

争论了很久。

虽然19世纪末有科学家证明了光是电磁波……

光是电磁波！

看，是波吧！

19世纪末

但单凭这个还无法解释光电效应。

如果光是波，就不可能出现这种现象。

为了解释光电效应……

光既是波，也是具有不连续能量的粒子！

爱因斯坦提出了光子假说。

光子假说成了量子力学的基础。

啊……原来如此！

这俩小孩又在讨论量子力学。

是不是又打算穿越……

爱因斯坦果然是世界上最牛的天才……

不。

还有一个人。

谁？

美国物理学家理查德·费曼。

哇！他是什么人？

我也不清楚。只知道他是天才……

搞什么嘛。

那要不……

出发！

蹲

费曼和天才的结合！

啊，他们出发了！

老师去一趟洗手间！大家在原地别动！

好。

噔噔

老师好着急啊！

苹果，马上到科技馆来！他俩刚穿越了！

我现在很忙！正给宠物做美容呢！

噔噔

唉！那我去找你！

啊……他来找我……

装高冷成功……

哇，小狗！

嗷！

真可爱！

蹭来蹭去

晕。

讨厌！

穿越了这么多次，还是第一次看到这么热烈的反应。

看来性格非常开朗啊。

你叫什么名字？

我可不会说人话！

它是我的狗，叫Mix。我叫小多。

我叫敏书。

啊……感觉老了十岁。

从长相和口音判断，你们是从韩国来的吧。

哇！

我对世界各国都很感兴趣。韩国是个有趣的国家。

转转转

你也是从韩国来的啊，真可爱！

别再蹭我的脸了！

举起

教授，您听说过韩国的美食吗？

比如炒年糕！

这个还真不知道。如果有机会去，我一定要尝尝！

真活泼呀！

不知道您能不能吃辣？

为什么问这个？

因为炒年糕真的特别辣！

我们是来向您请教有关量子电动力学的问题的。

哦，所以从未来穿越过来找我？

啊！

哈哈哈！怎么样？我想象力丰富吧！

吓死人了！

多亏了你们，凌晨的烦躁一下子消失了！

凌晨出什么事了？

大半夜的突然接到了一通电话……

费曼教授，恭喜您获得了诺贝尔物理学奖！

真是，太烦了……

得诺贝尔奖为什么会烦？

17

这可是天大的好事啊，您烦什么？

为什么大半夜打电话来？！我睡得正香呢！

我研究物理学并不是为了得奖！

只是觉得量子力学很有意思，所以才研究的！

我不要诺贝尔奖！

怎么像个小孩儿似的？

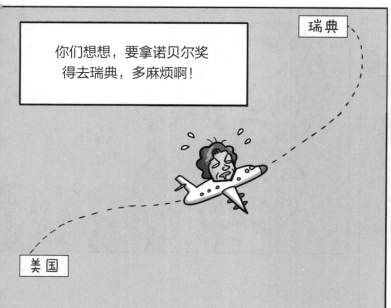

你们想想，要拿诺贝尔奖得去瑞典，多麻烦啊！

瑞典

美国

还要接受采访！

好烦×100！

提问！

教授，您要是
拒绝诺贝尔奖
的话，麻烦事
会更多。

?

啊啊！

鸟泱泱

听说您拒绝了诺
贝尔奖，请问是
为什么呢？

是吗……

哟……你说得
很有道理嘛。

本来就
是啊。

同一时间

呼，总算
到了……

嗖

着急去找你，墨镜
都没戴好……看看
现在戴好了吗？应
该认不出我吧？

嗯……
认不出。

我们……
来听听看？

啊……
好的。

理查德·费曼

19

教授，话说回来，这量子电动力学也太难理解了！

所以我创立了费曼图。

费曼图

费曼图是什么？

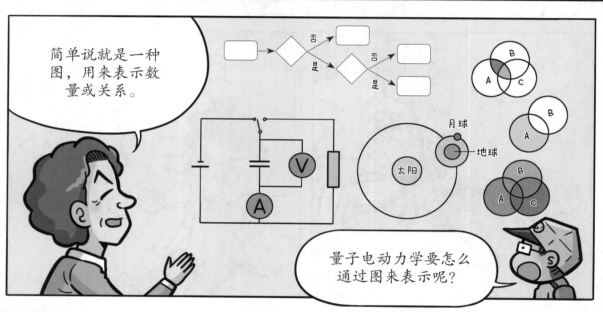

简单说就是一种图，用来表示数量或关系。

量子电动力学要怎么通过图来表示呢？

解释光和物质间相互作用的学科就是量子电动力学！

电子

光子

量子电动力学

我把电和光子间相互作用图表示出来

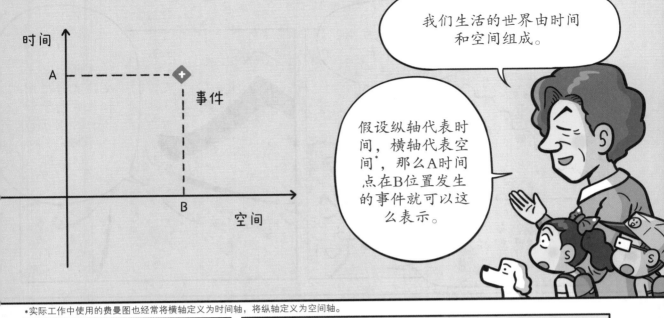

我们生活的世界由时间和空间组成。

假设纵轴代表时间，横轴代表空间*，那么A时间点在B位置发生的事件就可以这么表示。

*实际工作中使用的费曼图也经常将横轴定义为时间轴，将纵轴定义为空间轴。

电子和光子的运动也可以用图表示？

是的。

下面这条直线表示电子的运动。

电子的位置随时间改变。

这条曲线表示光子的释放或吸收。

是因为电子的运动轨迹是直线，光子的运动轨迹是曲线吗？

不是，这样设定只是为了便于区分。

21

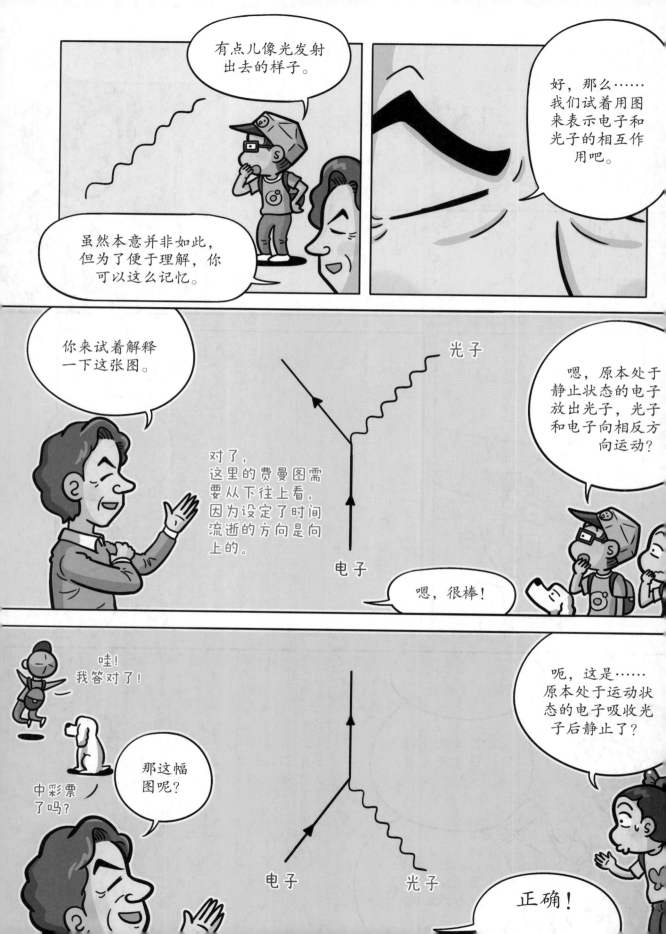

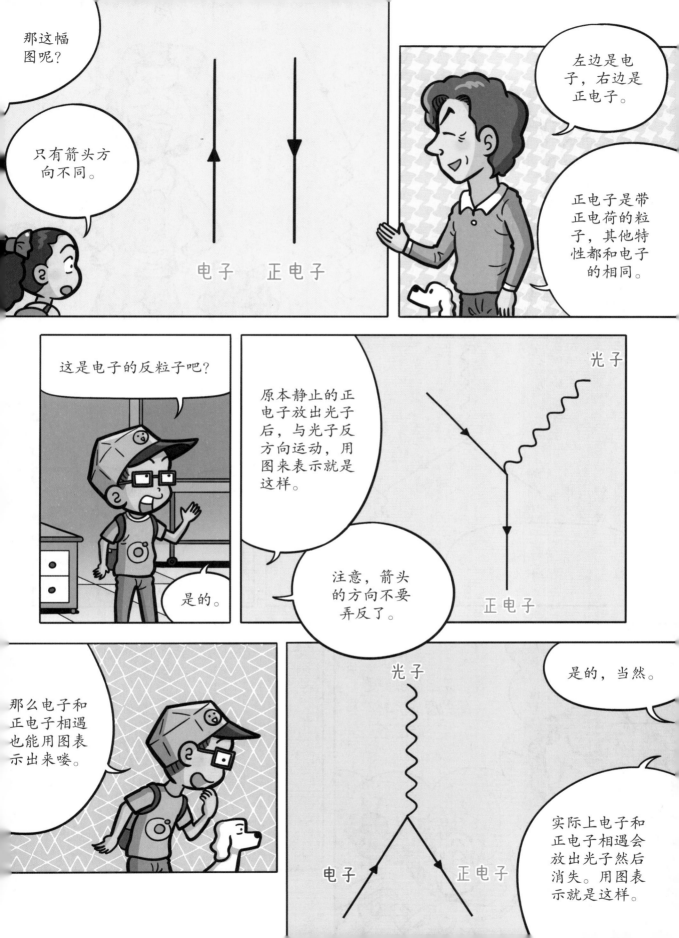

正电子

电子

光子可以变成一对电子和正电子，就像这样。

哇哈哈！我可真是个天才！

啊，对对。

光子

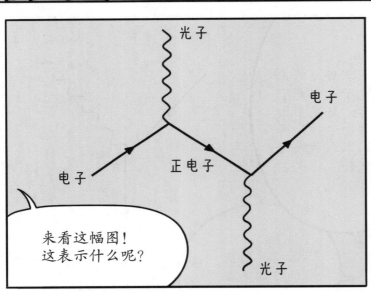

光子

电子

正电子

光子

来看这幅图！这表示什么呢？

嗯，光子变成一对电子和正电子，其中的正电子又遇到其他电子，变成了光子？

哗

啪

答对了！现在完全理解费曼图的原理了吧？哈哈哈！

是的！

啊！

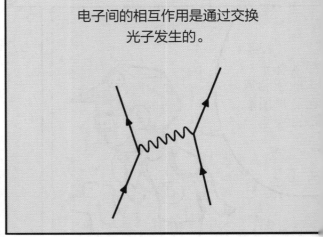

电子间的相互作用是通过交换光子发生的。

这幅图表示的就是两个电子互相靠近，交换光子后又互相远离的样子。

这幅图说明电子间的斥力*是由光子传递的。

*两个物体间相互排斥的力。

真了不起……竟然能把量子力学解释得这么简单……

不对，我在想什么！

?

！

嘎

吱

哎哟！

理查德

?

汪汪

糟糕！

嗷，怎么又是你们！

第二话
粒子世界中的上和下

为什么不能穿越了？要是费曼教授出事了怎么办？

用手机上网查了下，他的生平和贡献还是原样。

我得去上厕所……

你不是在费曼教授家上厕所了嘛！

是哦……

我苦恼了很久，要不要拿卫生纸。

如果拿了就会穿越回来。

结果你还是拿了。

保持卫生很重要！

那你应该瞬间就移动了，你怎么处理的？

我以光速处理好了。嘿嘿……

哎哟！光想想就觉得好恶心！

所以你干吗要问……

呀！组织来电话了。

好的，我知道了。

……

嘀

？

老大找我们。现在立刻去南山秘密研究所！

咦？

那不是宠物店的姐姐吗？

旁边的那个是……

宠物店的姐姐好像在约会！快跟上去看看！

啪

喂，这可是人家的隐私！你别去。

噔噔噔

太阳落山了，回家吧。

几天后

哇，到济州岛了！真是久违的旅行呀！

轰隆隆

明明去年去了瑞士、法国和英国！

也是！

对，就是从那时候开始穿越的……

什么穿越……我们过去坐车！

停车场

您好，
我是敏书。
这是我爸爸。

噢，你就是敏书啊。

谢谢你们，
给你们添麻烦了。

您太客气了。

姐姐！你又跟着我们？

说什么呢！我爸爸老家在济州岛，所以我们全家来玩！

啊……

我爸给大家当向导。你得谢谢我！

谢谢姐姐！

好肉麻！快放开！

不久后

哇，太美了！

这里叫山君不离，是韩国第263号天然纪念物。

山君不离？名字好搞笑！

我替她向您道歉。请原谅我不懂事的妹妹。

嘎嘎

哈哈

......

这个名字很特别吧？这是济州岛方言，意思是"山上的洞"。

啊，原来如此。

汉拿山爆发后形成了很多寄生火山*，人们把它们叫作"子火山"……

山君不离就是济州岛360多座子火山中的一座。

*在大火山的山腰或山麓形成的小火山。

山君不离是济州岛上唯一不喷射熔岩和火山灰的火山。

是热气喷发后把岩石块冲出形成的很特别的火山。

嘭

上、下,
上、上、下。

上、下,
上、上、下。

爷爷!

嘿嘿,你
爷爷可真
有趣!

我觉得
有点儿丢人
……

爷爷累
倒了!

能量耗尽
……

哎哟!这老
头子……

刚才跳舞时,
我想到了夸克。

夸克?

好像在
哪儿听过
……

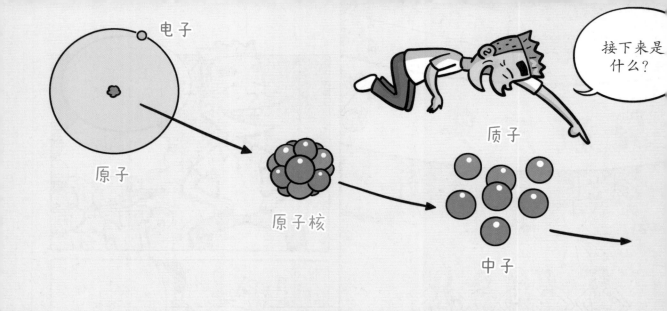

电子

原子

原子核

质子

中子

接下来是什么?

难道是……

夸克?

答对了!

质子和中子竟然不是最小的,太神奇了吧!

冲

击

1964年美国物理学家默里·盖尔曼最先提出了"夸克"的概念。

可是上下和夸克有什么关系呢?

因为夸克也分上下！

嘿哈嘿 ♪

啊哈！

月

上、下！

上夸克和下夸克，合体！

啪

1964年
美国加州理工学院

默里·盖尔曼教授的研究室……

默里·盖尔曼

呃……默里·盖尔曼教授研究室的黑板，看了真让人头疼！

这么复杂的公式，谁看得懂？

所以人们总说物理学家都是天才。

我对天才没兴趣！我想吃零食！

构成原子核的质子和中子通过强核力结合在一起。

每种基本作用力都有对应的媒介粒子来传递该力。

那么也有传递强核力的粒子吗？

是的，1935年日本的汤川秀树教授首次提出了下面这个理论。

有一种粒子负责传递强核力，这种粒子的质量介于核子和电子之间。

他给这种粒子取了个名字。

Pion（π介子）！

meson在希腊语中是"中间"的意思。

μέσον

12年后，科学家们通过实验发现了π介子。汤川秀树教授因此成为日本首位诺贝尔奖得主。

pion: π – meson.

那么在原子里，有像质子和中子这样的核子，

有在核子之间传递力的介子，

还有围绕在核子周围的电子。

快递到啦！

力

嗖

是的。

科学家根据质量将这些粒子分成了三类。

质量大的叫重子（baryon）。

质量介于重子和轻子间的叫介子（meson）。

质量小的叫轻子（lepton）。

质子和中子属于重子。

π介子属于介子。

电子则属于轻子！

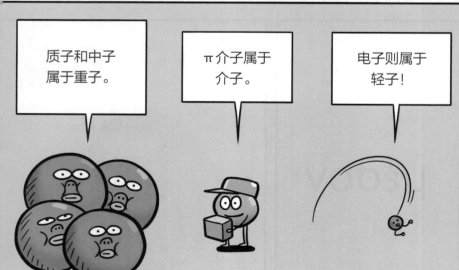

所有粒子都可以按质量分成这三类吗？

这幅图就像门捷列夫的元素周期表一样，按照性质对粒子进行了排列。

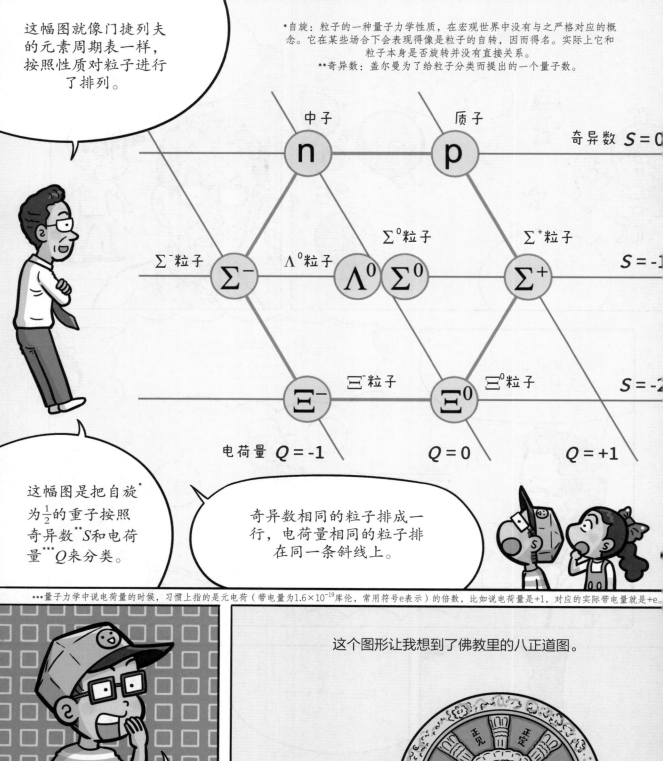

*自旋：粒子的一种量子力学性质，在宏观世界中没有与之严格对应的概念。它在某些场合下会表现得像是粒子的自转，因而得名。实际上它和粒子本身是否旋转并没有直接关系。

**奇异数：盖尔曼为了给粒子分类而提出的一个量子数。

中子 n　　质子 p　　奇异数 $S = 0$

Σ^-粒子　Λ^0粒子　Σ^0粒子　Σ^+粒子

Σ^-　Λ^0　Σ^0　Σ^+　$S = -1$

Ξ^-粒子　Ξ^0粒子

Ξ^-　Ξ^0　$S = -2$

电荷量 $Q = -1$　　$Q = 0$　　$Q = +1$

这幅图是把自旋*为$\frac{1}{2}$的重子按照奇异数**S和电荷量***Q来分类。

奇异数相同的粒子排成一行，电荷量相同的粒子排在同一条斜线上。

***量子力学中说电荷量的时候，习惯上指的是元电荷（带电量为1.6×10^{-19}库伦，常用符号e表示）的倍数，比如说电荷量是+1，对应的实际带电量就是+e。

排出来的图形是个正六边形。

这个图形让我想到了佛教里的八正道图。

八正道图

画"八正道图"时，图上如果出现了空位……

呃……可是这里是空的啊？

就预测有适合这个位置的粒子存在。

那么……

这个位置肯定……

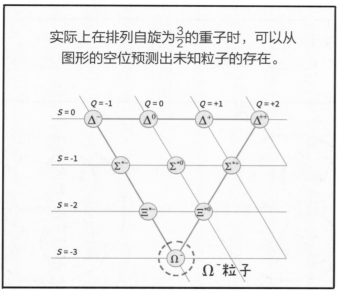

实际上在排列自旋为 $\frac{3}{2}$ 的重子时，可以从图形的空位预测出未知粒子的存在。

	$Q=-1$	$Q=0$	$Q=+1$	$Q=+2$
$S=0$	Δ^-	Δ^0	Δ^+	Δ^{++}
$S=-1$	Σ^{*-}	Σ^{*0}	Σ^{*+}	
$S=-2$	Ξ^{*-}	Ξ^{*0}		
$S=-3$	Ω^-			

Ω^- 粒子

不过，自然界中存在的元素都由核子和电子构成……

氦 氧 锂 氮 硼 氖 碳 氢 铍

而重子、介子却有很多种。

嗯！

莫非它们都是由更基本的粒子——夸克组成的？

答对了！

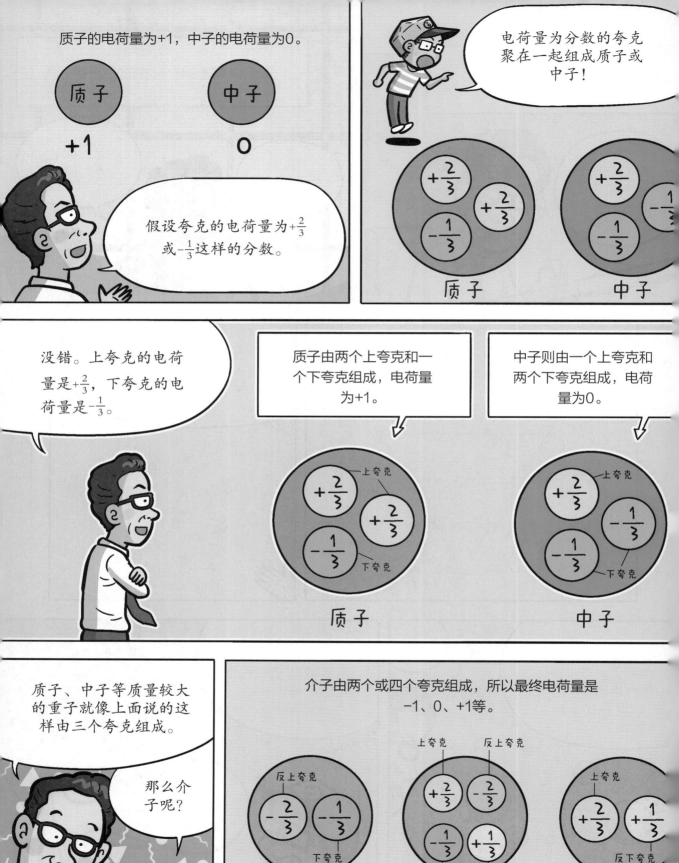

电荷量为+1的介子由一个上夸克和一个反下夸克组成。

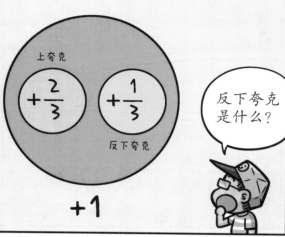

上夸克
$+\dfrac{2}{3}$ $+\dfrac{1}{3}$
反下夸克

+1

反下夸克是什么？

反下夸克是下夸克的反粒子，电荷符号和下夸克相反（绝对值相同）。

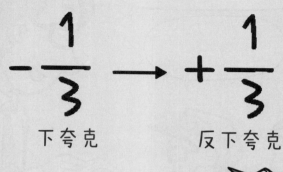

$-\dfrac{1}{3}$ → $+\dfrac{1}{3}$

下夸克   反下夸克

噢！

这样就可以组合出所有的重子和介子！

以后还会有更多的夸克被发现。一共大概有六种。

那应该说，所有物质都是由夸克和电子组成的。

现在我明白什么是夸克了。

电子

原子

原子核

质子

中子

夸克

我想吃零食。

这是我画的"八正道图"，送给你。

谢谢教授！

唰啊

爷爷，夸克一共有几种？

上夸克，下夸克，粲夸克，奇夸克，顶夸克，底夸克，一共六种。

六种！盖尔曼教授预测得没错！

同一时间
南山秘密研究所

好不容易查到了穿越的方法，你们为什么还完不成任务！

哐

这……因为只要摸到过去的物品，就会结束穿越，所以才这么难！

我叫你过来是听你狡辩的吗？还不快去想办法！

丢

丢

去把那个拿来给他们。

是。

请打开看看。

？

盯

噔！
这是？

惊

第三话
震惊！
小多晕倒了

有了这个秘密武器，这次我们一定能成功！

肯定能！那样的话我们俩也能……

我们俩也能怎样？

啊！没什么……

我是说……等完成任务了，我们俩也能……

？

我们？

没什么啦！

唰

唰

她搞什么？

哇，太壮观了！
像用岩石堆成的
火柴堆！

这里是中文大浦海岸柱状节理带，是联合国教科文组织认定的世界地质公园。这里也是济州岛的主要景点之一。

岩石是怎么变成这种形状的？

熔岩喷出地表……

冷凝收缩，产生缝隙……

49

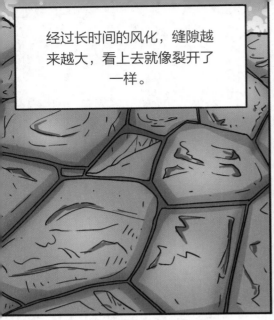

经过长时间的风化，缝隙越来越大，看上去就像裂开了一样。

这种地质现象叫作节理。

那么"主上（柱状）"就是"主上殿下"的那个主上吗？

大胆

不是。

柱状的意思是形状像柱子。

主上殿下，您可是国家的顶梁柱啊！

……

那么柱状节理的意思就是"柱子形状的节理"？

没错。

"猪状节理"……

真是指望不上。

大自然真是伟大的艺术家，在海边创作了这么壮观的石雕作品。

好，接下来我们出发去看妖怪吧。

啪

啊？

都什么年代了，还有妖怪？！

去看看就知道啦！

嗷呜！

好无聊！

嗖 嗖

嘎 吱

咦，为什么停在路中间？

你猜。

嗷呜！

啊！

你把我想象成妖怪了吧？

嗯……

咦，那是什么？

叽里叽

呃……难道被发现了？

暂时还没有。

那边的草在晃！

别说了！别说了！太吓人了！

好，我们现在熄火，挂空挡。看好了！

哇！哇！

慢悠悠

车自己往坡上开了？

慢悠悠

所以人们把这段路叫怪坡。

太神奇啦！可这违背了物理定律啊！

慢慢往上

呜呜呜

所以说这里有妖怪嘛。

这样真的很无聊啦！

唰

这次我们放个易拉罐试试。

哇，好神奇！

这怎么可能？

骨碌碌

这其实是一段下坡路。

什么？

这是一种视错觉，因为人们默认树是竖直向上生长的，所以将这条下坡路看成了上坡路。其实这里的树不是竖直向上生长的。

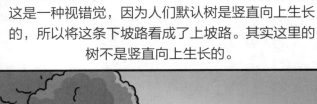

其实是下坡路

真像是妖怪在搞鬼。

嘿嘿嘿

爱因斯坦也曾用幽灵来比喻难以理解的量子纠缠现象。

您是说爱因斯坦讲的"幽灵般的超距作用"吗？

没错。

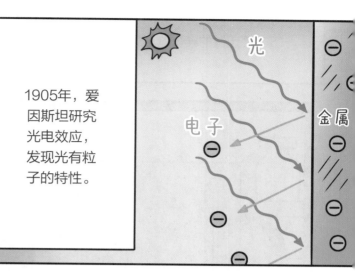

1905年，爱因斯坦研究光电效应，发现光有粒子的特性。

光

电子

金属

虽然通过解释光电效应打开了量子力学的大门，但爱因斯坦并没有完全接受量子力学。

量子力学像幽灵。

我是真实存在的！

量子力学

请相信我！

根据量子力学，粒子可以处于多个位置相互叠加的状态，粒子的位置在观察的瞬间被决定。在观察之前，我们只能知道粒子处于某个位置的概率。

唰

分身术？

A

A

A

这种现象无法用经典力学解释。

喵！

不光是粒子的位置，我们一起来回忆一下"薛定谔的猫"这个思想实验。

在箱子打开之前，猫处于活着的状态和处于死亡的状态以各50%的概率叠加存在。

所以说量子力学不像话！

这种奇怪的现象竟然引发了计算机革命。

就是——理查德·费曼！

讨厌他捏我的脸！

果然是天才级别的思维！

量子计算机！

咦，用量子力学原理制造计算机？这是谁想出来的？

上次见他的时候就觉得他很不寻常……

又在说什么呢……

好，咱们出发吧!

应该是在书上看到的。

也有可能是梦到的。

对量子计算机很好奇吧?

那咱们出发?

好啊!

啪

量子力学和计算机的结合!

现在完全适应了。

啪

那我们也出发!

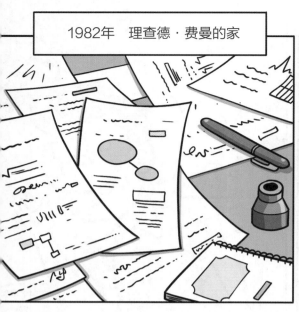

1982年　理查德·费曼的家

费曼教授!

您好!

嗖

嗯?你们是谁?

教授!您从韩国回来了?

他应该不记得了。

啊,对!

还没去。你们到底是谁?

我们是从韩国来的小多和敏书。

它是Mix。

哎呀,你真可爱!

又来!

不过，你们来这里干什么？

脸都要被揉坏了……

惊吓

我们听说量子计算机的概念最早是您提出来的……

我们来是想向您请教有关量子计算机的问题，正好门开着，我们就进来了。

看来你们对科学很感兴趣啊！

是的！

我现在正在研究量子计算机呢。

哇，看这些笔记！

听说传统计算机只能识别由0和1组成的二进制数*。

没错！

O 1

0101111011000010101001110

*二进制指用0和1这两个数字来表示数的方法，用二进制表示的数叫作二进制数。

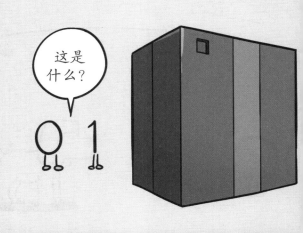

虽然量子计算机也能识别二进制数，但处理方式和传统计算机完全不同。

这是什么？

根据量子力学，一个粒子能以不同概率叠加出现在不同位置。

猫也能以活着的状态和死了的状态叠加存在。

也就是说，两种以上的状态可以叠加存在。

这叫作量子叠加。

这就是被爱因斯坦称为"幽灵般的超距作用"的理论！

哎哟，你们俩很聪明嘛。

量子力学

这个理论会导致一种不可思议的现象。两个粒子相距很远时……

如果知道其中一个粒子的状态，另一个粒子的状态就会自动被确定。

这叫作量子纠缠。

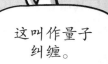

传统计算机以比特（bit）为信息量单位，二进制数的一位所包含的信息量就是一比特。

两位

O　　1

信息量为两比特

量子计算机则以0和1可以叠加存在的量子比特（qubit）为基本单元。

两位

OO　01　10　11

信息量为四个数

因为量子比特中0和1可以叠加存在，所以2个量子比特可以储存的信息量为四个数。

爱神丘比特！

别闹了……

不是Cupid，是qubit……

所以量子计算机就是以量子叠加原理为基础的计算机。

可以叠加！

因为0和1可以叠加，所以量子计算机的运算速度比传统计算机的快得多。

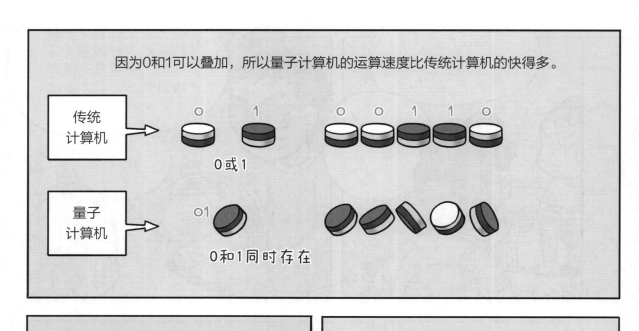

传统计算机 → 0 1   0 0 1 1 0
0或1

量子计算机 → 01   0和1同时存在

例如，10比特可以表示0到1023之间的一个数……*

$$2^{10} 比特 = 1024 个数中的一个……$$

*有n个比特就能表示2^n个数。

但10量子比特可以同时表示1024个数。因此，用10量子比特运算，相比传统计算机具有指数级的加速效应，可以快成千上万倍。

$$2^{10} 量子比特 = 同时表示 1024 个数！$$

哇！速度快好多啊！

？

你们又是什么人？

哈哈哈！教授您好！

费曼教授！

花瓶
不见了!

这次我绝不
会打偏!

啪

嗖　　嗖

不行!

啪

小多!

倒地

糟糕！重新充电的话
还要等很久……

吧嗒

吧嗒

那把枪……有可能是反物质枪。

反物质和物质相遇发生反应后，两个物质都会湮灭。

什么？反物质枪？

但说不通啊……如果真是这样的话……

救了你的这本笔记没有消失，这意味着它也是反物质……

什么？

但是反物质在物质构成的世界中会立刻消失。这到底是怎么回事？

总之谢谢你，多亏你救了我。喝杯热茶，平复一下吧。

好的……

好吧，你看！看！上面什么都没写！

唰啦啦

还真是。

难道是看不到字的秘密信件？

你可以去拍悬疑电影了。

第二天

好，我们开始做实验！

实验室

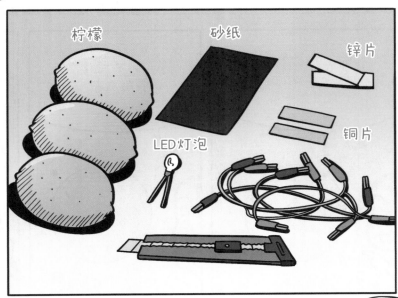

柠檬　　砂纸

锌片

LED灯泡

铜片

我们先用砂纸摩擦铜片和锌片的两端。

为什么？

这样能让铜离子和锌离子更活跃。

离子？

唰 唰

原子由带正电的原子核和带负电的电子构成，整体上呈电中性。

在化学反应中，原子会得到或失去电子。

原子得到或失去电子后就变成了离子。

啊，所以得到电子后就变成了阴离子！

失去电子后就变成了阳离子！

不愧是我的弟子。

谁要当你徒弟啊！

我也在穿越过程中学到了很多！

什么？穿越？

惊吓

嗖

没有没有！我们不闲聊了！

别闲聊了，专心做实验吧。

嘿嘿

好的。

现在把柠檬对半切开。

！

等等！

你上次切东西的时候受伤了，这次我来切。

嘿嘿，好有趣！

你是自己想切吧？

唰 唰

接下来把铜片和锌片插在柠檬上……

然后用电线夹将铜片和锌片连起来，交替连接！

铜、锌、铜、锌……

你说什么？

我说铜片、锌片，铜片、锌片。

铜、锌、铜、锌。

……

好，现在连上LED灯泡就可以了！

唰

你拿着，我来连接！

超级专注

哗

好，大家都成功了吗？

没有……

失败的小组

的！

柠檬电池的原理非常简单。

得到电子的锌片作为负级……

失去电子的铜片作为正级……

起到了电池的作用。

实验结束了，请大家完成实验报告！

好——

呃，你这是干什么？

挤

滴

不能这么浪费食物。

秘密信件！

？ ？

？

沙沙

什么嘛，好幼稚。竟然用柠檬汁写秘密信件！

！

秘密信件……
这是个好主意！

幼稚也没关系，
只要能表达心意
就行……

……

沙沙

给你！

唰

！

秘密信件……
是写给我的？

你知道要怎
么看吧？回
家看吧。

喂，郑小多

噔噔噔

柠檬汁的主要成分是柠檬酸，柠檬酸由碳、氢、氧三种元素组成。

$C_6H_8O_7$

用火加热后，柠檬酸被氧化，变成褐色的酯类物质，所以就出现了黑黑的字迹。

你好！

那这秘密信件也太不安全了吧？

柠檬汁而已，你还想怎样……

我听爷爷说过……

有一种量子密码。

量子密码？和量子计算机有关系吗？

费曼

我也不知道！

不清楚。

穿越回去看看就知道了！

好！

咻

呜

我们也去吧！量子和密码的结合……呃！

啪

都要被你撞伤了！咳咳……

啊

唰

抱歉我不是意的……

1984年　美国IBM研究实验室

哇，好多电脑啊！

都是以前的老电脑。

显示器和箱子一样大，嘿嘿。

唰

什么以前的老电脑！这些可都是最新款！

这里好像也有那些家伙的气味！

嗅

你们是
什么人?

我是从韩国来
的小多。

嗅 嗅

她是敏书。

脸怎么
红了?

我呢?

我呢?

我们正在
学习量子
力学。

什么？你们
这样的小不点儿,
学量子力学?

是的，上次见了
理查德·费曼教
授，向他请教了
有关量子计算机
的知识。

哇,
真了不起！

我是查尔斯·贝内特博
士。你们是有问题要来
问我……

是的！

对吧?

我们在说到秘密
信件时,

好奇量子力学和密
码的关系，所以想
来向您请教。

让我看看……

?

量子力学和密码？这是我正在研究的内容。你们运气不错！

你们知道这是什么吗？

唰

K NQxG AQW

啊

完全看不懂啊。

?
?
?

我一看就知道了。是"I love you"吧？

答对了！

K NQxG AQW

嗅 嗅

你怎么知道的？

我可是破解密码的高手。

太自恋了吧

I LOVE YOU

↓ ↓ ↓ ↓ ↓ ↓ ↓ ↓

K NQxG AQW

是的没错

这不就是把原字母按照字母顺序往后推了两位写的嘛。

哦！

密码主要用
在战争时
用，目的是
递重要信
而不被敌
发现……

比起那些密码，这个太简单了，很快就会被破解。

丢

怎么可以把爱丢了！

不过……

量子密码绝对无法破解！

量子密码！

嗅嗅

根据量子力学，我们无法同时知道电子的位置和动量……

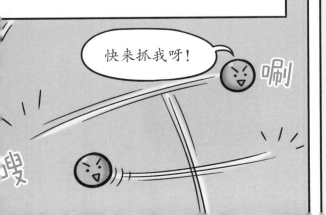

快来抓我呀！

唰

粒子的状态都是以概率叠加存在的。

利用粒子的这个特性，可以制造出量子计算机。

上次刚学过！

传统计算机只能识别由0和1构成的二进制数……

而量子计算机不光可以识别由0和1构成的二进制数，还能利用0和1的叠加态。

也就是量子比特！

很了解嘛

qubit

00　01　10　11

bit　　　qubit

0　　　　　0

1　　　　　1

量子密码就是利用量子叠加态的密码体系。

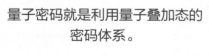

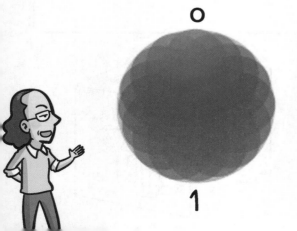

如果有人在外部进行观测……

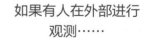

0或1，只能观测到两个值中的一个。

数字好像知道有人在观测它们。

就像数字也有知觉一样。

((1 0))

因此，复制或监听量子密码时，信息就会发生改变，所以量子密码绝对无法破解。

变身术！

密码

！

量子计算机可以快速破解大量密码……

请叫我量子侦探！

量子计算机

密码

而量子密码无法被任何计算机破解或监听。

所以可以建立强大的安保体系。

Q 密码

量子计算机和量子密码就像矛和盾。

在将来的某一天，量子密码也会被破解吗？

咦，可疑的气味越来越近了！

呃，你们又是什么人？

汪汪！

布拉萨尔博士让我把这封秘密信件转交给贝内特博士。他说是用柠檬汁写的。

和我一起研究量子密码的布拉萨尔博士？他给我的秘密信件？

这还是第一次……

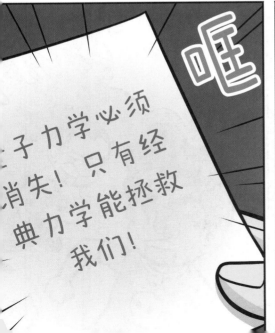

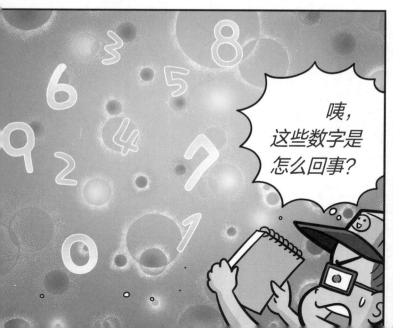

果然……不愧是多年来一直研究黑洞的霍金教授。

是吗？

在霍金教授之前也有很多人研究黑洞。

牛顿提出万有引力定律之后，就有人预言了黑洞的存在。

黑洞追溯起来跟我也有关。

人们认为当它的引力变得非常大之后，连光也无法逃逸。所以之后人们给黑洞取了很多名称。

！

喷。

暗星！

冻结星！

俄罗斯科学家

都是很消极的名称，听起来阴冷又可怕。

为什么要这么对我？

好可怕！

到了1967年，美国物理学家约翰·惠勒开始使用"黑洞"这个名称。

黑洞，顾名思义，就是黑色的洞。

可是……

严格来说，"黑洞"这个词不是我创造的。

啊？什么？

惠勒在进行关于暗星的演讲时……

Dark Star

这种天体引力非常大……

博士，干脆叫它黑洞怎么样？

嗯！这个名称很不错。

从那时起，惠勒就开始用黑洞这个名称。

原来是无名听众起的名啊！

黑洞！

是听众起的名。

1975年，斯蒂芬·霍金教授提出了一个与黑洞有关的理论，那个理论震惊了物理界。

听好了！

黑洞并不黑！

啊！

哎哟！

这不可能！我听说黑洞能把包括光在内的宇宙万物都吸进去，所以看起来是黑色的！

大概是穿越学习的缘故，最近越来越聪明了。

什么？

穿越？您怎么知道？

哎呀！

不是，我是说你越来越聪明了……

哦……

可是霍金教授为什么说黑洞并不黑呢？

那肯定也不是彩色的啊。

……

你去找霍金教授问一问不就知道了？

嚯！爷爷您知道我穿越的事？

这个嘛……

唉……原本不希望你卷进这种事……

什么？

那本研究笔记上记录的就是我穿越时学到的知识。

哇

爷爷您也穿越过？

啪

咱们出去说吧。

咱俩现在说的话，你一定要保密。

当然了！您现在还能穿越吗？

现在不能了。

很多年前，我在研究量子力学时偶然穿越了。

爷爷，当年您穿越时也有人捣乱吗？

!

有！

果然！

那些人信奉经典力学。

年轻时

他们的组织坚持认为量子力学应该消失。

这么说他俩肯定也是……

他俩？

有两个小孩总是来捣乱。

原来如此。

晚餐准备好了！吃饭啦！

挤眉弄眼

挤眉弄眼

这是咱俩的秘密！

几天后

嚼

小云呢？

鱼糕

炒年糕

拉面

去参观学习了。

嚼

今天小云不在，咱俩单独吃饭很开心吧？

吃你的炒年糕吧。

哼，明明很开心。

狂吃

2015年
英国剑桥　斯蒂芬·霍金教授的家

咦，回到2015年了？

是我们穿越到过的最近的时间。

？

嗡 嗡

哎呀！

你们是什么人？

转

我们是从韩国来的小多和敏书。

它是Mix。

听说教授您发表了新理论，我们作为韩国记者的代表来采访您。

采访？没有人跟我说过这件事啊。

韩国……
我去过那里。

我明天要去瑞典做报告，现在很忙。不过你们是小朋友，我就不和你们计较了。

谢谢您。

我们是穿越过来学习量子力学的。

喂，你怎么说出来了！

没关系，反正他之后可能就不记得我们了。

说的也是。

你是说通过连接黑洞和白洞的虫洞穿越时空吗？

那我就不清楚了。通过穿越，我见到了许多科学家。

穿越？

是的。

呵呵，真是有趣的小朋友。要是我也能穿越时空的话，我想回到1963年。

为什么呢？

因为我在那一年患上了卢伽雷氏症。

手用不上力，怎么回事？

要是能回到那个时候接受治疗的话……

对不起，我问了不该问的。

没关系，我就随便发发牢骚。

您在那么艰难的情况下还坚持研究黑洞，并且有了新发现，真是太伟大了！

黑洞是非常有魅力的天体。

它的引力巨大，连光都无法逃逸，这多么神奇。

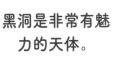

奇 点

黑洞的中心叫作奇点。

奇点的引力非常大，即使在距离奇点很远的地方

拿我没办法吧？

史瓦西半径

奇点

事件视界

逃逸速度必须超过光速（30万千米/秒），才能不被黑洞吸进去。

光

啊啊！

光也无法逃逸！

晕！

黑洞能将所有物质都吸进去。

假如质量和太阳相当的天体成为黑洞，那么在奇点周围半径3千米的空间内光都无法逃逸。

原来黑洞的半径叫作史瓦西半径啊。

我最近减肥成功，"半径"变小了。

事件视界

史瓦西半径

奇点

光无法逃逸的空间的边界叫作事件视界！

所谓事件视界，就像太阳落到地平线之下我们就看不到它一样……

拜拜！

看不到的时候别干坏事。

因为事件视界内发生的事无法被看到，所以人们给它起了这个名称。

谁都不知道！没人知道！

但我突然产生了一个疑问。

真的没有任何物质能逃出黑洞吗？

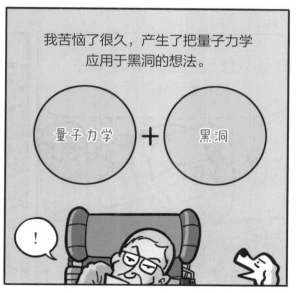

我苦恼了很久，产生了把量子力学应用于黑洞的想法。

量子力学 ＋ 黑洞

！

于是您提出了……霍金辐射理论？

你竟然知道！真聪明。

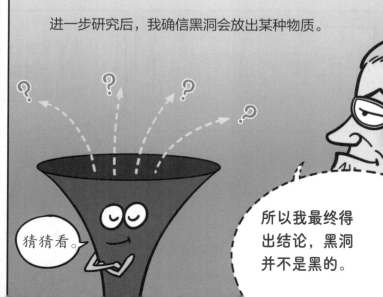

进一步研究后，我确信黑洞会放出某种物质。

猜猜看。

所以我最终得出结论，黑洞并不是黑的。

黑洞在慢慢向外辐射能量后……

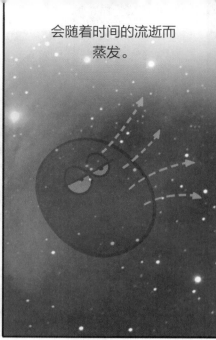

会随着时间的流逝而蒸发。

被黑洞吸进去的物质的信息也会和黑洞一起消失。

这就是我在1974年正式提出的霍金辐射理论。

不过……

不过什么？

进一步研究后，我发现这个理论和量子力学的原理不符。

不对！

霍金辐射理论

量子力学

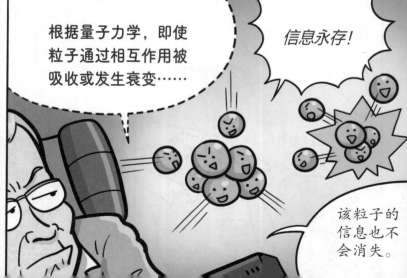

根据量子力学，即使粒子通过相互作用被吸收或发生衰变……

信息永存！

该粒子的信息也不会消失。

所以我在2004年修改了理论，提出被黑洞吸进去的信息还能被释放出来。

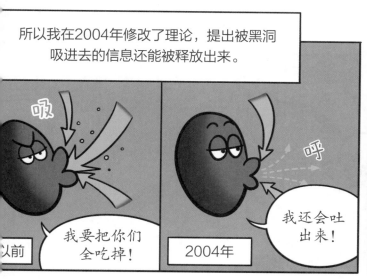

吸

我要把你们全吃掉！

以前

2004年

呼

我还会吐出来！

所以您又提出了新理论。

是的。

即使被吸到黑洞里，也有能逃出来的路！

黑洞不是永远的监狱！

被吸进黑洞时，物质的信息不被储存在黑洞深处，

而被储存在事件视界。

事件视界

黑洞

因此，进入黑洞的物质的信息可以通往黑洞外，或者进入其他宇宙。

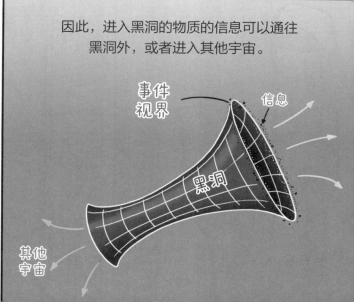

事件视界

信息

黑洞

其他宇宙

这就是我提出的理论。

打扰了。

咣当

我们来为您检查轮椅。

噢，是吗？快请进。

咦，怎么是小朋友来检查？

停住

停住

长相看起来小而已，我们是大人。您不用担心。

猛地

霍金教授，您的研究就到今天为止了！

唰

他俩又来了!

嗷呜呜

你们是什么人?

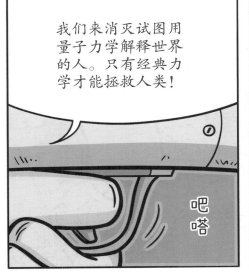

我们来消灭试图用量子力学解释世界的人。只有经典力学才能拯救人类!

吧嗒

啊!

嗖

还拯救呢!

啪

Mix,
干得漂亮!

这家伙!

啪

我得准备去瑞典做报告了，你们要注意安全。

好的，教授您也小心。

嗡嗡

唰 啊

幸好Mix没事。可是为什么中了反物质枪后没有消失呢？

难道因为它是动物？还是说Mix是由反物质构成的？

汪 汪 汪

Mix是爷爷带回家的，那时候我还小……

难道Mix是爷爷穿越的时候带回来的？

什么？爷爷也穿越？

爷爷怎么会？Mix又是哪里来的？那本笔记又是怎么回事？

哎哟，头疼！得再去问问爷爷。

第六话
1克价值62万亿美元？
反物质的秘密

爷爷！

小多！

咱俩的秘密不能让家里人知道，所以我叫你来这里见面。

好的，爷爷。

爷爷是怎么开始穿越的？

我在日本拿到博士学位后去美国学习过一年。

1975年
费米国立加速器实验室

加速器我检查完了，一会儿我一出去你就把加速器打开。

好的。

好，准备打开。

呃！

嘀！

等，等等！
太早了！
要等门完全关上！

啪

喂！
你没事吧？

啊！

啊啊！

我也是在CERN*被光照到了。

原来如此。从那时候起我就能穿越了。

*欧洲核子研究中心。

刚开始我独自一人穿越。

啊

唰

通过穿越时空，我曾经觉得很难的量子力学变得很容易理解。

！

——

——……

那和您一起被光照到的那个人呢……

他啊……

打倒量子力学！

什么嘛，量子力学根本不符合宇宙规律！

从某天开始，无论我穿越到哪里，他都会出现，妨碍科学家们研究。

呃，是你！

量子力学会让人类灭亡！

他还随身带着反物质枪！

啪

和我遇到的情况一模一样！

消失吧量子力学

那么他也是经典力学的信奉者！

我听说了，这个组织到现在依然存在。

对了！不久之前Mix被反物质枪打中了……

但是什么事也没有发生。

Mix也和你一起穿越了？

是的。

莫非Mix在CERN和你一起被光照到了？

是的，没错！

我猜，也许反物质枪对曾被那光照射过的物体无效，因为它对我也无效。

你被卷入这么危险的事情，爷爷很担心。

小多，别再穿越了，好吗？

如果爷爷您说得没错，那么我被反物质枪打中也没有关系，但科学家们中枪就会消失。

为了保护科学家们，我要继续穿越！

其实穿越不能永远进行下去。

哐

根据我的经验，被反物质枪射中的次数越多，穿越的机会就会越少。

那么……如果经常被反物质枪射中，就有可能无法回到现在！

112

第二天

天哪！爷爷竟然经历过这样的事！

有其父必有其子……不对，是有其爷必有其孙。

有其爷必有其孙？真有创意。

那要是我被反物质枪射中，会变成透明人吗？

不会变成透明人，会直接消失！

我会保护你，绝不会让这种事情发生。

真的吗？

怪不得Mix被反物质枪射中后没有消失！

反物质枪对小多也没用……

但敏书……哼哼。

反物质到底是什么啊？为什么能制造出这样的武器？

嘘！

以前听保罗·狄拉克博士说过……

啊！电视上好像提到过。听说它是世界上最贵的东西。

据说1克价值62万亿美元……

太夸张了吧！相当于多少人民币呢？

差不多400万亿元……

晕！

听说有位英国教授写了一本关于反物质的书。他叫弗兰克·克洛斯。我们去见见他吧！

不能让他们发现反物质枪的秘密。

*

唰啊

唰啊

2009年
英国牛津大学

什么?

你们俩穿越去见了霍金教授?

是的。

现在干脆都直接说了。

呵呵,真是有趣的小孩。那也让我穿越一次吧,让我见见过去伟大的科学家们。

听说教授您写了一本关于反物质的书。

是的,不久前刚出版。

我们对反物质很好奇。

请您给我们解释一下吧。

1928年英国物理学家保罗·狄拉克首次预言了反物质的存在。

狄拉克教授在解波动方程时发现电子的能量分为正负两种。

咦?

一般人会认为是解错了方程……

但狄拉克教授不同。

嗯,很有趣!

负能量一定也是……

自然的一部分!

看看玻尔的原子模型……

唰

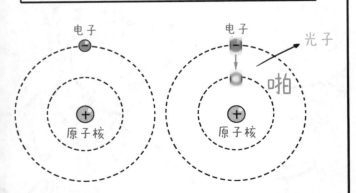

在特定轨道上运动的电子可以通过放出光子的形式释放能量,并跃迁到离核较近的轨道上。

电子

电子

光子

啪

原子核

原子核

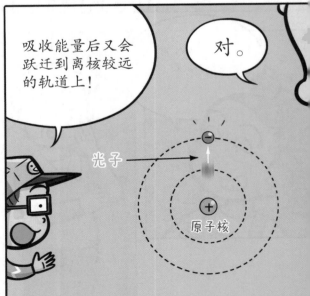

吸收能量后又会跃迁到离核较远的轨道上!

对。

光子

原子核

当存在可供电子跃迁的负能量状态时，正能量的电子就可以放出与能量差相对应的光子，同时进入负能量状态。

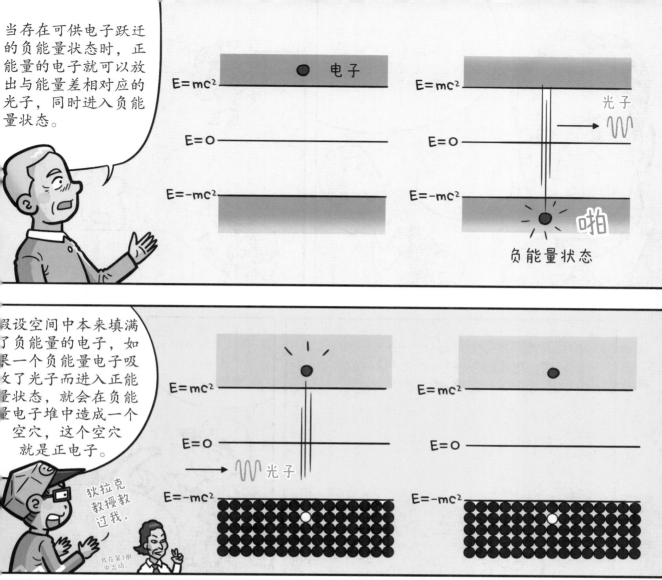

假设空间中本来填满了负能量的电子，如果一个负能量电子吸收了光子而进入正能量状态，就会在负能量电子堆中造成一个空穴，这个空穴就是正电子。

狄拉克教授教过我。

我在第3册中出场。

是的。这个过程中光子就转化成了一对电子和正电子，即生成了物质和反物质。

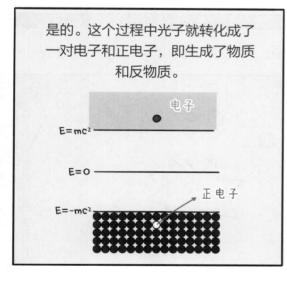

这就是狄拉克教授解波动方程得到的结果。

世界上所有的物质都有与之对应的反物质。

事实上，1932年美国物理学家卡尔·安德森就通过实验发现了电子的反物质。

也就是……正电子！

幸会，幸会！

！

听说后来人们还发现了反质子和反中子。

哇，真棒！连这个都知道！

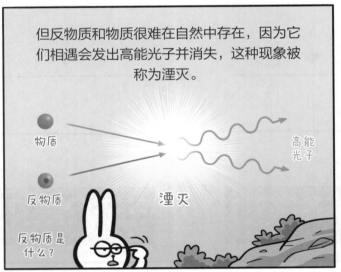

但反物质和物质很难在自然中存在，因为它们相遇会发出高能光子并消失，这种现象被称为湮灭。

物质

反物质

高能光子

湮灭

反物质是什么？

所以反物质才那么贵吗？

有这方面的原因，但也有别的原因。

太阳

反物质

到达地球的太阳光中有10%来自反物质。

太阳光

地球

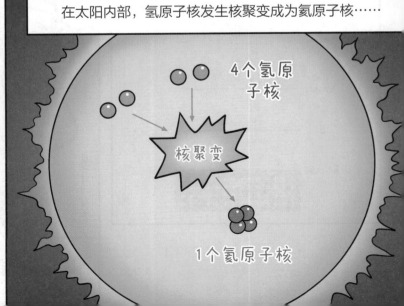

在太阳内部，氢原子核发生核聚变成为氦原子核……

4个氢原子核

核聚变

1个氦原子核

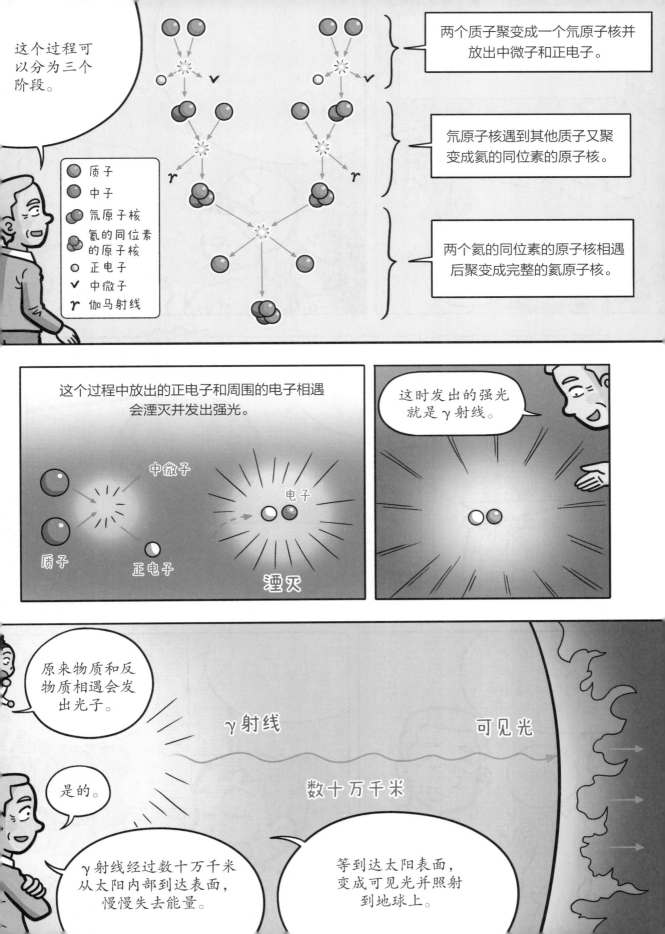

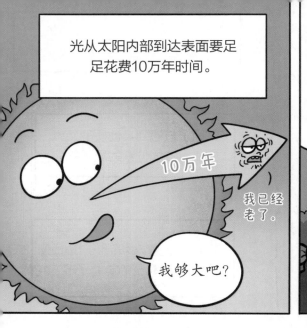

光从太阳内部到达表面要足足花费10万年时间。

10万年

我已经老了。

我够大吧?

因此可以说,我们现在看到的太阳光中有10%来自10万年前核聚变时产生的正电子。

10万年……真是古老的光啊。

1克反物质听起来似乎很少……

反物质

但从原子的角度看,这是非常非常惊人的量。

CERN

反质子
10万亿个

据说CERN一年能制造10万亿个反质子……

10万亿个!那差不多有10千克吗?

以这个速度,即使从宇宙诞生时开始制造,我们也造不出1克反物质。

天哪!

怪不得这么贵!

这次怎么进去?

嗯……我还在思考。

克洛斯教授写了本关于反物质的著作……

这个办法怎么样？

?

嘀咕

很好！

反物质遇到物质就会湮灭……

所以我们急需能把它们分开、阻止它们相遇的技术。

停！

出生于德国的物理学家汉斯·德默尔特因为发明了把正电子困在电磁场中的技术，1989年获得了诺贝尔奖。

听说CERN的科学家也成功地把反氢原子困了1000秒。

反氢原子

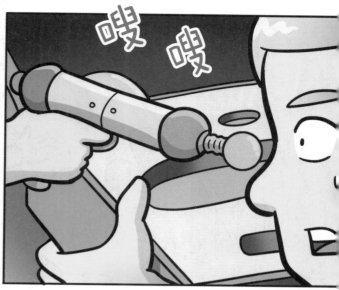

嗖 嗖

嘿嘿嘿……

你们是什么人!

我就不多解释了。

吧嗒

不要!

啊！

哐

小孩子的力气竟然这么大？就像成年人一样。

成年人……

教授，您没事吧？他们俩好像是反量子力学组织的成员。

真的很感谢你救了我。

这是我写的《反物质》，希望对你们有帮助。

唰 啊

爷爷说得没错，我被反物质枪射中也安然无恙。

是的，可是他俩不光攻击研究量子力学的科学家，还想攻击我。

好可怕……我们还能继续穿越吗？

爷爷也许知道。

我一定会保护你的。可是，难道没有能战胜反物质枪的武器吗？

走出费曼图迷宫!

小多、敏书和Mix在穿越时迷路了。请帮助他们走出费曼图迷宫!下面表述正确的选○,表述错误的选✖。

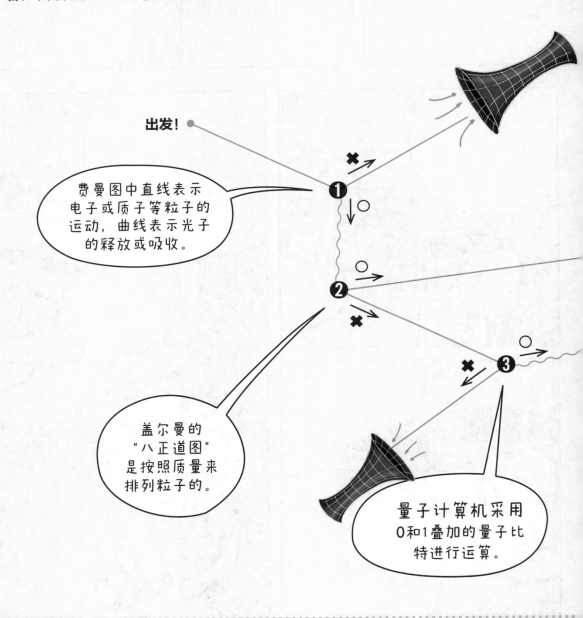

出发!

费曼图中直线表示电子或质子等粒子的运动,曲线表示光子的释放或吸收。

盖尔曼的"八正道图"是按照质量来排列粒子的。

量子计算机采用0和1叠加的量子比特进行运算。

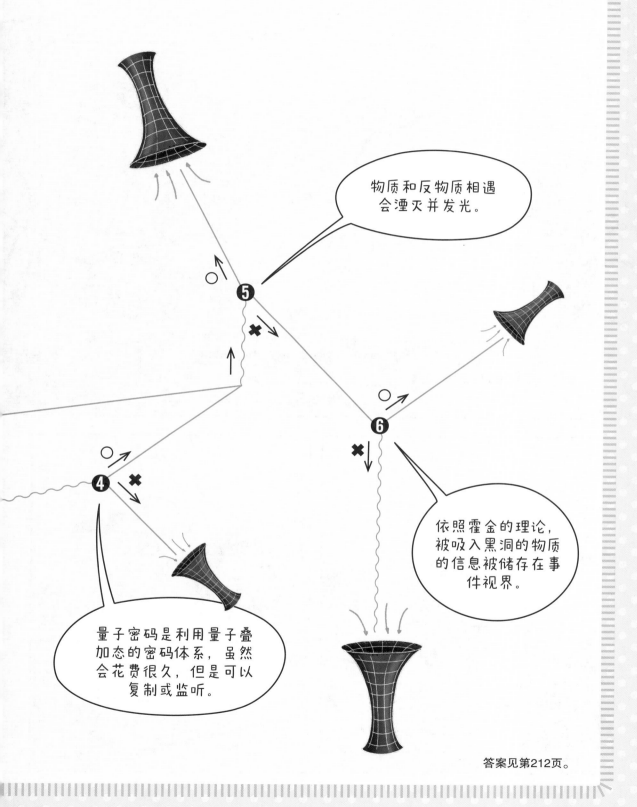

答案见第212页。

第七话
能抵挡
反物质枪的
秘密武器

哎呀，真是的，爸爸！
别挠屁股啦！
太不雅观了！

你还抠鼻子呢。

周末真美好，大家都那么悠闲。

怎么搞的！昨天晚上吃剩的夜宵，现在还没收拾！

应该你收拾啊，玩"石头剪刀布"你输了嘛！

我怎么不记得了？

你！

不行！狗不能吃鸡骨头，很危险！

喂，您好！

小多，是爷爷。

突然紧张

啊，爷爷！我正想给您打电话呢。

?

怎么了？出什么事了？

我被反物质枪打中了，但是没有消失。

呃……

反物质？你在和谁打电话？

和爷爷。我有量子力学方面的问题要请教，爷爷打电话来给我讲解。

有问题问爸爸不就行了。爷爷很忙的……

今天我会去一趟首尔，详细内容见面说吧。

好的，爷爷。

几小时后

狼吞 小吃店
虎咽

爷爷，您好！

敏书也来啦。你好，你父母都还好吧？

他们都挺好的。

拉面

年糕

小多，咱俩是不是得单独聊……

我是说关于穿越的事。

其实敏书也和我一起穿越了。

是吗？敏书也被CERN的光照了？

没有。

我没有被光照，但我们找到了穿越的方法。

哦！

……

炒年糕

这样 这样

那样 那样

拉

！

那么一起讨论
也无妨。

和爷爷预想的一样，
反物质枪对我和Mix
不起作用。

炒年糕

薯条

那也不能经常
被射中，这也
是有限度的。

那么……
我们应该怎
么办呢？

爷爷正在思考什么
样的武器能够抵挡
反物质枪。

哇，好棒！

当

呕

我这次来首尔
就是为了见一
个朋友，他长
期研究激光。

激光！

激光，不就是超市里扫码时用的吗？

嘀

我想是激光枪……

没错，我刚才去拜托了我的朋友，让他制作一把能够抵挡反物质枪的激光枪。

真不愧是我爷爷！

哈哈！

我就是激光侠！

哈哈！

咻

咻

开始幻想了……

激光枪？

比反物质枪还厉害吗？

就算是，我们只要瞄准科学家和敏书就行了。

没必要攻击敏书吧！

看到有人被打倒，科学家们才会害怕。

你先把枪法练好了再说。

喵！

努力逃避

总之得尽快完成任务，这样我们才能……

我们才能怎样？

没什么，没什么啦！

她怎么了？

不过，那些坏蛋是怎么知道你们穿越的？

拉面

薯

米肠

这……我们也不清楚。

他们一定在哪里监视着你们，你们要随时留意。

好的。

你们知道吗？激光技术运用了量子力学原理。

！

呸

果然量子力学与世界万物密切相关！果然世间万物都与量子力学有关！

你能先从桌上下来吗？

多亏了爱因斯坦提出的理论，激光才被发明了出来。

嘿嘿！

眨眼

啊？我见过他好几次，但他从来没说过这个。

少不了我呀！

那就去见见发明激光的梅曼博士吧。

梅曼博士？

爷爷要回乡下了，你们注意安全。

谢谢爷爷！

好，那我们出发吧。

点头

量子力学和激光，合体！

啪

我们也出发！

量子力学和激光，合体！

啪

唰 啊

嗖

刚才果然有人在跟踪我们，难道这些人都是他的人？

1960年
美国休斯飞机公司实验室

挠
挠

您是如何发明激光器的呢?

我并不是最早研究激光的……

首先应归功于爱因斯坦在1917年提出的受激辐射理论。

不是手机辐射哟。

受激辐射?

某种物质原子中的粒子受到光刺激(受激)后,由高能级跃迁到低能级时放射出光的现象。

强壮

光

虚弱

光

物质

光

今天的天气太适合外出散步了。

发光吧!

然后利用受激辐射放大的原理发明了激光器吗?

是的。

同一时间

喵?

咦,怎么回事?

反正我们有反物质枪。

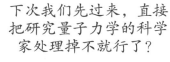

下次我们先过来，直接把研究量子力学的科学家处理掉不就行了？

我也这么想过……但我们不能随心所欲地穿越啊。

也是……

快，我们先换装！

啪

1953年，美国物理学家查尔斯·汤斯以受激辐射理论为基础，发明了微波激射器，它的英文名叫maser。

咚!

哇 哦!

不是……

Major?
Major league?

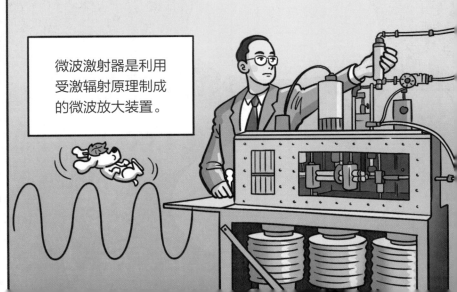

微波激射器是利用受激辐射原理制成的微波放大装置。

简单来说，放大是把光子变多。

来，变得更强！

汤斯在研究雷达的过程中发明了微波激射器。

嘀 嘀

本想研制出更先进的雷达，结果发明了微波激射器。

是的。

但我研究的不是电波，而是放大光（可见光）的方法。

光！

可见光的波长比微波的短，很难调控。

我就是激光狗！

但经过几年的研究，我终于成功制造出能把光放大的装置。这就是激光器laser！

愿原力与你同在！

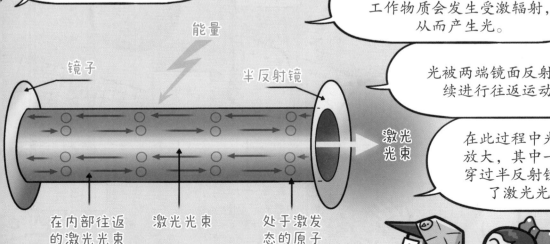

其他物理学家通常在激光振荡器中放入气体……

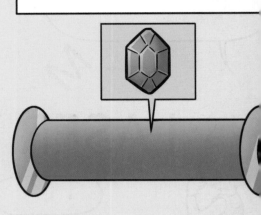

而我放入了固体——人造红宝石。所以这可以算是固体激光器。

激光可以比太阳表面发出的光强得多。

×4

啪

所以激光刚被发明出来的时候许多人曾这么说过……

啪

这是死亡之光！

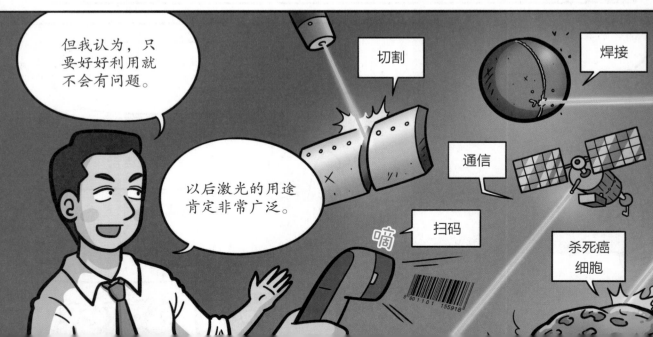

但我认为，只要好好利用就不会有问题。

以后激光的用途肯定非常广泛。

切割

焊接

通信

扫码

嘀

杀死癌细胞

由于激光只由一种波长的光组成，所以可以使它作用于特定的物质……

啊！

啪

比如只针对癌细胞进行攻击。

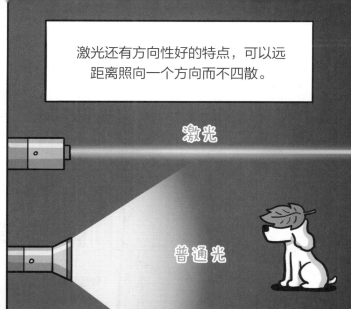

激光还有方向性好的特点，可以远距离照向一个方向而不四散。

激光

普通光

哦……所以1969年阿波罗11号登月时……

宇航员在月球表面安装了激光测距反射镜，用于准确测量地球和月球之间的距离。

嘎

吱

啪

又是你们吗？

博士您好！

啊，不是吗？

我们是记者，来自韩国《艾萨克》儿童科学杂志。

！

听说博士您发明了激光器，所以来采访您。

又来一拨！

可疑的气味！

嗅嗅

一天来了两拨采访的……提前给我打个电话多好……

不过你们年纪小，我能理解。下次一定要提前联系我啊。

汪

汪

博士，谢谢您。那我就开始采访了。我先拿手册……

嗖

唰

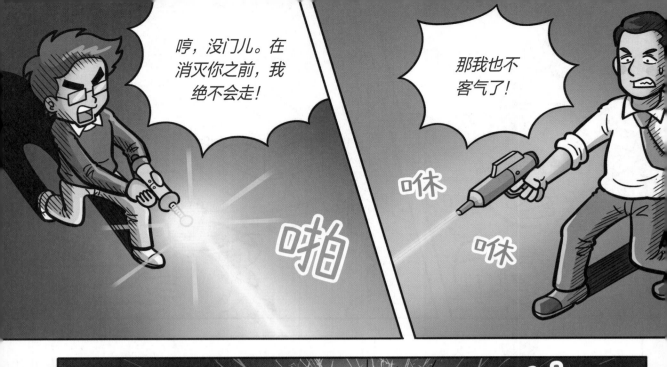

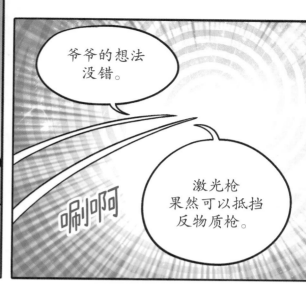

第八话
敏书的反击

爷爷，您见到您的朋友了吗？

炒年

嗯，你们看这个。我把激光枪带来了。

哇!

啪

这和梅曼博士拿的那把激光枪很像啊!

梅曼博士也有激光枪？

是的。

炒年

拉面

哇!

梅曼博士的激光枪射出的激光和坏蛋们的反物质枪射出的射线互相碰撞，发出耀眼的光后消失了。

原来梅曼博士也暗中制造了激光枪。

啪　啪

科学界的极端主义者们！我要代表正义消灭你们！

好古老的人物啊……

现在还有空搞模仿秀啊……

水冰月！

别有了激光枪就掉以轻心，一定要小心。

好的……

他们竟然准备了激光枪……

可是……上次我们为什么会变成初中生呢？

是啊……老大也没说过会这样……

151

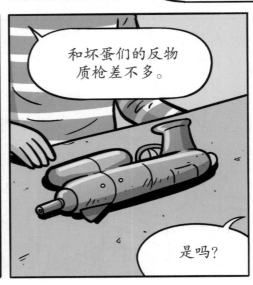

你们把坏蛋们抓住后带到我这儿来。

也许我能拜托研究纳米科学的朋友弄清他们的真面目。

纳米科学……

纳米科学是量子力学的应用学科。你们这次穿越也一定要小心。

嗯……这次会见到纳米科学家吗？

应该会！

好，出发吧！

量子力学和纳米科学的结合！

啪

好，我们也出发吧！

量子力学和纳米科学的结合！

啪

嗯……他们到底是
什么人？

埃里克·德
雷克斯勒的
研究室……

什么？你说你们是穿越时
空来见我的？从韩国？

哐

不管这是不是真的，你们自信
的眼神我很喜欢。

亮闪闪

除了小狗。

我们穿越过来学
习量子力学。

量子力学？你们学
这么难的东西？

虽然很难，但要想了解
原子的世界，就必须学
习量子力学。

嗯！

没错。我研究纳米科学，也必须学习量子力学。

你们……懂得挺多嘛。

那当然！这都穿越多少次了……

挠挠

我学习量子力学的同时，专门研究纳米科学。

纳米科学

量子力学

您是怎么对量子力学产生兴趣的？

是从听了理查德·费曼教授的讲座开始的。

哇！

费曼图和量子计算机的概念是他提出来的吧？

嗯，没错。

那场讲座的题目是"底下的空间还大得很"。

？

底下？

空间？

在1959年，连计算器都大到无法装进口袋，他却说了这样的话。

我们可以制造出分子大小的机器！

当当

真是伟大的想法！

原来"底下的空间还大得很"这句话是说未来在纳米尺度上还有很多可以开发的技术！

正确！

空间

原子核

他说，开发出这种在原子尺度上进行读写的技术，就能把24册的《大英百科全书》装到发夹上的小花里。

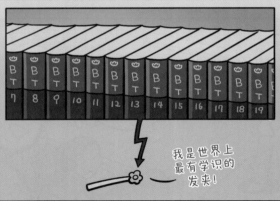

我是世界上最有学识的发夹！

那就需要把《大英百科全书》上的字缩小到现在的两万五千分之一。

高密度百科全书！

$$\frac{24册《大英百科全书》}{25\ 000}$$

他还发起一项挑战。

谁要是能把一页书中的字缩小并记录在面积只有原书页两万五千分之一的面积之内，就奖励他1 000美元！

这真的可能吗？

这不可能！

实际上在1985年，美国斯坦福大学的研究生汤姆·纽曼就成功把一段文字缩小到两万五千分之一，得到了奖金。

能在有生之年看到，真是欣慰……

这就是纳米科学的开端……

真了不起！

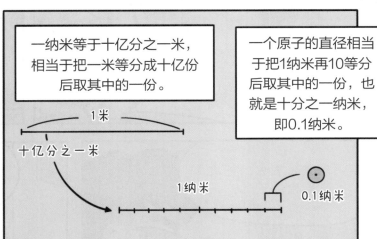

一纳米等于十亿分之一米，相当于把一米等分成十亿份后取其中的一份。

一个原子的直径相当于把1纳米再10等分后取其中的一份，也就是十分之一纳米，即0.1纳米。

1米

十亿分之一米

1纳米

0.1纳米

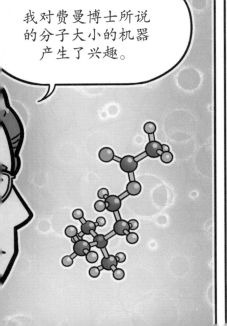

我对费曼博士所说的分子大小的机器产生了兴趣。

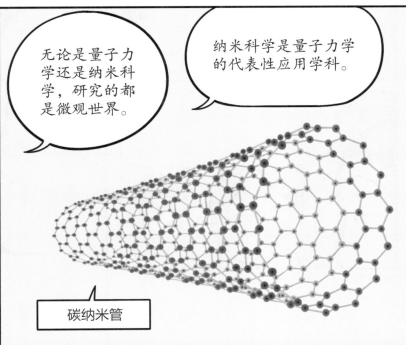

无论是量子力学还是纳米科学，研究的都是微观世界。

纳米科学是量子力学的代表性应用学科。

碳纳米管

同一时间

嚯，这次变成高中生了！

天哪！

没有痘痘了？太棒了！美美的。

嘿嘿！

这次穿越回去后，我要去问问老大为什么会这样。

再这么下去，下次该是原样了吧？

那可糟糕了。只能靠墨镜挡住脸了。

我们必须在那之前阻止小多和敏书。

是啊，可是每次都失败……

现在医生借助放大镜或显微镜做手术……

如果造出纳米机器人，机器人就能进入人体治疗疾病。

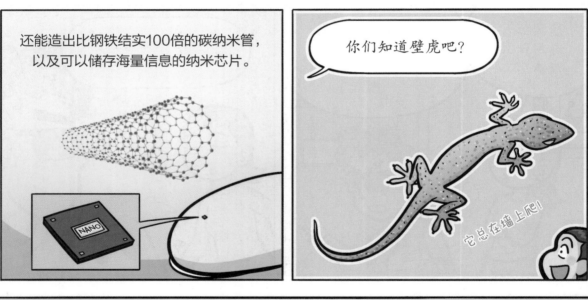

还能造出比钢铁结实100倍的碳纳米管，以及可以储存海量信息的纳米芯片。

NANO

你们知道壁虎吧？

它总在墙上爬！

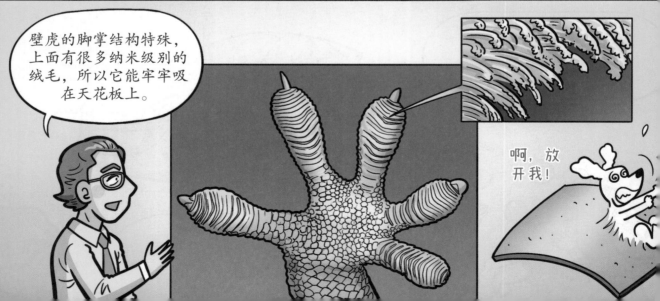

壁虎的脚掌结构特殊，上面有很多纳米级别的绒毛，所以它能牢牢吸在天花板上。

啊，放开我！

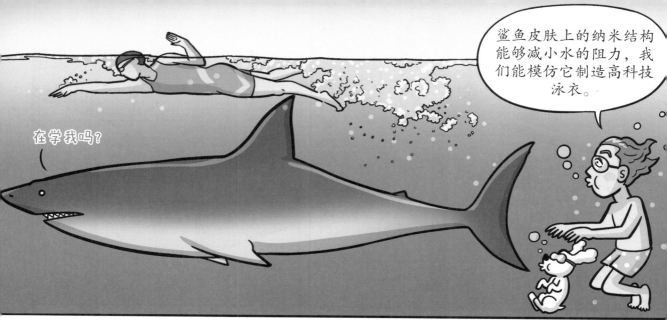

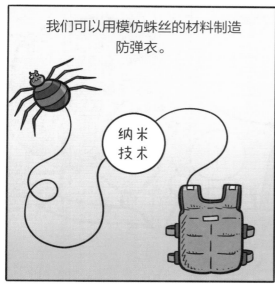

如果人们不了解原子的世界，那就没有纳米科学了。

量子力学和我们的生活紧密相关。

嗅嗅

嘎 吱

德雷克斯勒博士，我们是印刷厂的，来给您送书。

！

不是那俩坏蛋……不过也不能放松警惕！

嗖

我的书终于印好了！这本书叫《创造的发动机》，里面是我的研究成果。快给我看看！

嗖

嗖

呃，Mix突然大叫是因为……

汪

汪汪汪汪汪汪！
……多，是他们，
……是样子变了而已！

如果你消失，纳米科学就无法发展……量子力学的重要性也不会凸显……

啊，枪卡在包里了！

呃

哎呀，不管了！

嗖

咳！

啪

砰

呃……

你没事吧？

嗖！

你们是什么人！

你没事吧，伍尔索普？

我……我没事……

敏书，你没事吧？

真的打中了……真的晕倒了……

把枪给我。

你们到底是什么人？

还有你们！这枪是怎么回事？

当当

我们……是希望量子力学消失的人！

天哪……竟然有这样的极端主义者……

嗖

慢慢地

呀，假发！糟糕！伍尔索普变回原来的样子了！

活回来了！

Mix在追我们！被咬了怎么办！

汪 汪 汪

我们要在暴露之前赶快穿越回去！

呃啊，小心！

咻

啪

咔

！

唰 啊

汪汪汪汪！好可惜！差一点儿就抓住了！

呜

这到底是怎么回事！真吓人！

没抓住也没关系，Mix，你真棒！

今天要早点儿回家休息……

这是我的书《创造的发动机》的手稿，送给你。

创造的发动机
德雷克斯勒

谢谢您。

唰——啊

好可惜，差点儿就能弄清他们的真面目……

就是！

我竟然用枪打了人……对了，感觉那个人是我认识的人……

真是的……这次竟然又失败了……

对了……你屁股没事吧?

被咬了能没事吗?

来,我背你!

!

蹲

你受伤都是因为我,快去医院看看吧。

没想到竟然被敏书那个小丫头攻击了。还有Mix,居然跑得那么快……我们要更小心了!

看来被狗咬也不完全是坏事。

抽痛

抽痛

第九话
坏蛋们的最后
一次穿越

嘟囔

？

你一直嘀咕
什么呢？

话说上次穿越
的时候……

小声
小声

上次真是
多谢你了。

上次遇见的两
个人中的那个
男的……

总感觉很熟悉。

？

会是谁呢？

科学老师！

糟糕！

怎么可能！长得像而已！老师干吗要做这种事……

嘘，小声点儿！那我就不知道了！

我得快点儿做个了结！

他们好像发现我的身份了……

当时被激光枪打中后，你变回了原来的样子，可能被敏书看到了。

没想到这么快就变回了原样……

到底是为什么呢？

我要问一问老大。

什么事？

出了一点儿问题。

又出什么问题了？

没时间了！让你们完成一次任务有这么难吗？

他们准备了激光枪来对抗我们的反物质枪。

！

而且之前穿越后是小学生，现在随着穿越次数变多，年纪也越来越大了。

上次我被激光枪射中后完全变回了成人的模样。

你这个傻瓜！怎么能被激光枪射中！

唰

很抱歉……

难道……是上次的光太弱了？

什么？光？

总之这次是最后一次穿越。要是这次又失败……

最后一次？失败了会怎样……

没什么，快行动吧！

他说这是最后一次穿越了，我们只有这一次机会了。

最后一次……

我们要让小多和敏书永远留在过去。

第二天

敏书真是太勇敢了，保护了小多！

嘿嘿！没什么啦。

上次本来有机会抓住他们的，太可惜了。

你们平安回来就好。

紧急时刻，要是能让科学家们安全地瞬间移动就好了……

瞬间移动？

目前还很难让人瞬间移动，粒子还差不多……

粒子可以瞬间移动吗？

是的，这可以说是利用量子力学原理的最尖端技术，叫作量子隐形传态。

嗯……这次要去学习一下。

可以去见见安东·蔡林格教授。

他是世界上第一位成功进行量子隐形传态实验的科学家。

好的，爷爷。

……

我们也出发吧！

以为躲在那里我就不知道吗？

1997年
奥地利因斯布鲁克大学

什么？你说你们穿越过来见我？

听说您是世界上第一位成功进行量子隐形传态实验的科学家。

因为我在研究瞬间移动，所以你们才和我开这个玩笑是吗？哈哈！

没错，这是个伟大的实验。

超级满足

你们觉得什么时候需要瞬间移动？

想从宠物医院里逃出来的时候……

节假日回老家的路上。呃……路上太堵了，那时候真希望能瞬间移动。

那个估计在很远的将来才能实现。

您不是成功进行了量子隐形传态实验吗？那不就可以了吗？

你说的瞬间移动可没有这么简单。

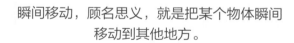

瞬间移动，顾名思义，就是把某个物体瞬间移动到其他地方。

咦，哪儿去了？

啪

啪

也就是说，某个物体消失的同时……

预备！

要出现在另一个地方，这意味着移动时间为0秒。

嗖！

移动时间为0秒！

而这是不可能的。

电影里的人物经常能够瞬间移动到自己想去的地方……

嗖嗖

电影Jumper

瞬移！

JUMPER

那是电影嘛！

根据爱因斯坦的狭义相对论，瞬间移动是不可能的。

啪

狭义相对论

因为狭义相对论的结论是，任何物体的运动速度都不可能超过光速。

光

能跟上就来追我吧！

就算需要花一些时间也可以啊。只要能在短时间内移动到其他地方。

比如中午12点在A站的人，下午2点半出现在500千米外的B站？

A站 12:00

B站 14:30

坐高铁不就行了吗？

瞬间移动！

嗖 嗖

对，但这不能叫作瞬间移动。

只是移动而已！

对哦！

要是我们想以接近光速的速度移动，

根据狭义相对论，我们的质量会变大，所需的能量也非常巨大。

光速

火箭的质量将趋于无穷大，

需要的能量也趋于无穷大。

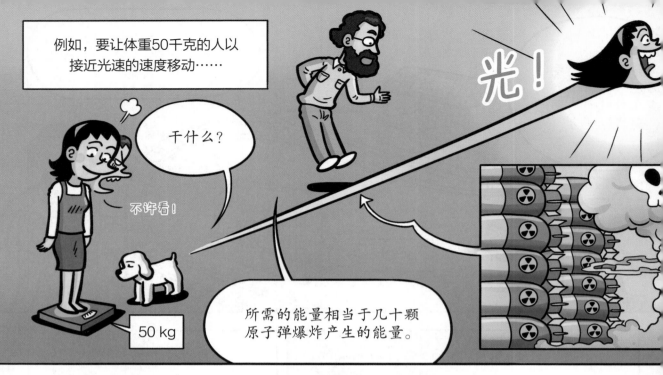

例如，要让体重50千克的人以接近光速的速度移动……

干什么？

不许看！

50 kg

光！

所需的能量相当于几十颗原子弹爆炸产生的能量。

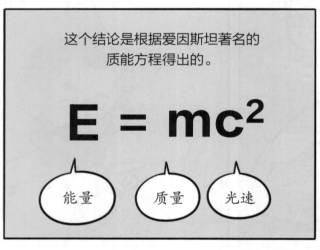

这个结论是根据爱因斯坦著名的质能方程得出的。

$$E = mc^2$$

能量　质量　光速

因为光速非常快，所以要以接近光速的速度移动，就需要非常大的能量。

人以接近光速的速度移动的话，也许身体都要分裂。

不光是人，要想以接近光速的速度运动，即使是很轻的物体也需要非常大的能量。

光

所以科学家们在考虑用另一种方法——把物体的模样和结构信息储存在光里，然后在很远的地方重新组合成物体原来的样子。

我去去就回。

嗖嗖嗖

这个我在电影《星际迷航》里见过。

是吗？

可是这个方法也存在问题。

啊！

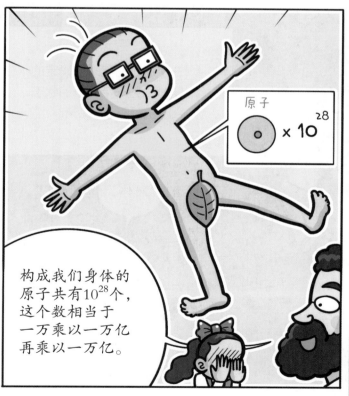

原子 $\bigodot \times 10^{28}$

构成我们身体的原子共有 10^{28} 个，这个数相当于一万乘以一万亿再乘以一万亿。

无论以多快的速度传输，都得花上几亿年时间。

看来得放弃瞬间移动了。

另外，还需要知道原子的位置和动量……而根据海森堡不确定性原理，我们无法同时准确测定这两个的值。

于是人们就想出了量子隐形传态！

量子隐形传态不是直接传输物体，而是传输物体的状态。

要说明量子隐形传态，就要从量子纠缠说起。

量子纠缠？

所谓量子纠缠，指无论两个原子离得多远……

一个原子的状态被确定的同时，另一个原子的状态也被确定的现象。

一心……

同体！

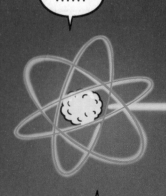

心有……

灵犀！

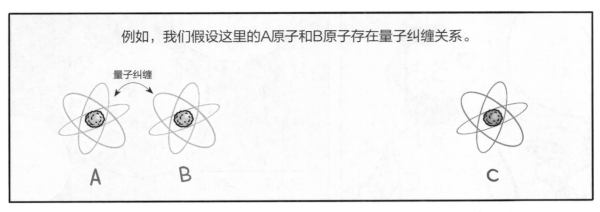

例如，我们假设这里的A原子和B原子存在量子纠缠关系。

量子纠缠

A B C

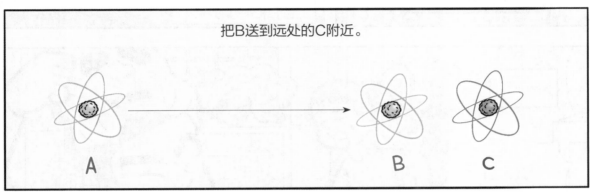

把B送到远处的C附近。

A B C

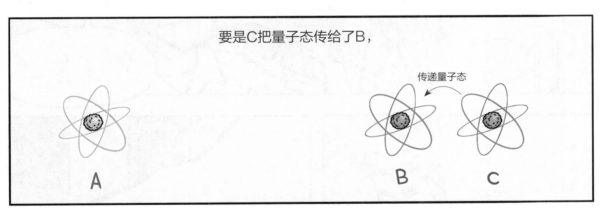

要是C把量子态传给了B，

传递量子态

A B C

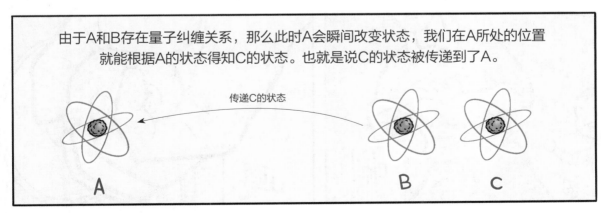

由于A和B存在量子纠缠关系，那么此时A会瞬间改变状态，我们在A所处的位置
就能根据A的状态得知C的状态。也就是说C的状态被传递到了A。

传递C的状态

A B C

虽然现在量子隐形传态只在实验室里实现了……

收到了吗？

收到了。

但未来我们可以把量子态传送到几百千米外的地方。

同一时间

什么？你要摘下面具？

唰

唰

是的，反正是最后一次穿越了……

没必要伪装了！这是我们最后的机会！

噔

噔

噔

唰

嘎

吱

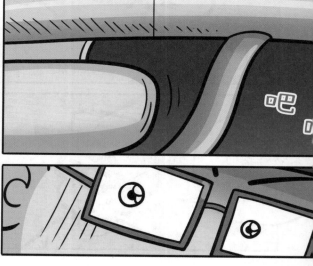

蹒跚

唉，竟然还是失败了……连反物质枪都被夺走了！

啊！手臂！

我真笨……笨蛋！

伍尔索普，你的身体好奇怪。手和手臂都变透明了！

哎呀！怎么回事？

总算可以揭开你们的真面目了。

应该是因为穿越，身体出问题了！快去南山秘密研究所找老大！

好……好！

第十话
量子力学还在继续

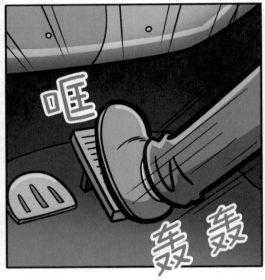

南山

嘎吱

嗡嗡

假装被甩开后再跟上，你的驾驶技术真好。谢谢你。

也感谢您让我过了一把瘾，真刺激，哈哈！

是从这里进去吗？

被堵住了。这边肯定有路……

摸索

啪！

当!

咣

啊！

爷爷刚才从这里进去了。

爷爷，您在哪里？

爷爷！

小声

小多，敏书！爷爷在这里！

爷爷！

坏蛋们设了陷阱。对了，你们怎么找过来的？

我们看到您在追科学老师，就跟过来了。

小多，这里有绳子！

太好了！

哼哧 哼哧

呼——

爷爷，一直以来妨碍我们的坏蛋就是科学老师。

嗯，我也查到了。

同一时间

老大……我的身体为什么会变透明呢？您一定知道原因吧？

唰

我不需要你的帮助！我要让害我变成这样的量子力学消失！

肉眼都看不见的世界，了解了又怎么样？该死的量子力学，都是因为它，我的脸才成了这样！

可是经典力学无法解释原子世界中发生的一切！

我们生活的世界也都是由原子构成的。要想解释原子世界，必须靠量子力学。

所有的学科都有光和影。我们一定能找到办法，利用量子力学，把你的脸恢复原样！

肉眼可见的世界我们都弄不懂，去了解肉眼不可见的世界完全是浪费时间！

不光是你自己，难道你想毁掉这个年轻人的人生吗？

到此为止吧……和我一起研究应用量子力学原理的新技术吧！

唰

废话少说！我已经决心要创造没有量子力学的世界！

喵！

你别再执迷不悟了！

已经晚了……我心意已决……

嘀

你就当作这是为了阻碍量子力学的发展得到的勋章。或者买双手套戴着。告辞……

他不肯帮我，就这么消失了……

啊，老大！

嗡嗡

我现在要怎么办！请帮我恢复原样！

咳 咳

他最终还是……

感觉不妙。你们带我去你们被光照的地方！

什么？

我得把伍尔索普……不，得把科学老师的身体恢复原样！

噢，好的！您跟我来。

噔 噔

就是这里！

让我看看……
这里……
嗯……这个？

嘀

10:00

哎呀，这是……

看来他提前设置好了，不经过许可操作机器，这里就会爆炸！我们没有时间了！

真是！

嘀 嘀 嘀

09:21

抓紧时间试一试！

我错了。
我难道要这样活一辈子？

08:35

都设置好了，再照一次吧。

呕

我凭什么相信你!

我是小多的爷爷。我怎么会害我孙子的老师?

应该是第一次被光照射时,光能的量设置错了。而且你反复进行穿越,又被激光枪射中,穿越信息发生错乱,身体出现了异常。你自己选择吧。

伍尔索普,你总不能这样过一辈子吧。就信他一次吧!

呃!

啪

快,快进去吧!

呃

好,开始了!

嗒

爷爷，
老师的身体
好像恢复了！

太好了！

太好了！

老人家……
谢谢您，
呜呜……

啊，我们要
赶快出去！

糟糕，出口
被堵住了！

还有人提出能量等物理量拥有不连续的值。

是的，普朗克的量子假说！

马克斯·普朗克

后来爱因斯坦研究光电效应并把量子假说发展为光子假说。光

的波粒二象性——光同时具有粒子和波的特性被广泛接受。

爱因斯坦

薛定谔

电子等粒子也具有波的特性，因此狄拉克还发现要通过解波动方程，才能知道电子如何运动。

保罗·狄拉克

泡利

泡利不相容原理、海森堡不确定性原理和玻尔互补原理帮助我们了解了电子等粒子的运动方式，也最终确立了量子力学的地位。

海森堡

玻尔

但量子力学实在太难理解了……

要想理解肉眼不可见的世界，当然不是件容易的事。

所以现在还有许多多多的科学家在钻研量子力学。

是……

因为量子力学，我们才能制造出电脑、智能手机等便利的设备。

能制造出激光也是因为量子力学。

你的身体也是通过量子力学恢复的。

唰

伍尔索普……哦不对，科学老师最终还是因为量子力学活下来了。

是啊。老人家，谢谢您。

感谢大家对"量子物理，好玩好懂！"这套书的喜爱！

特别指令！
请制造出激光

小多、敏书和Mix要制造出能够对抗反物质枪的武器！
请告诉他们应该按什么顺序连接激光来制造出激光枪！
请从"开始！"出发，按顺序连接。

开始！●

向激光振荡器施
加能量。

●

光穿过半反射镜发出
激光光束。

光在激光振荡器内部
不断被放大。

激光振荡器内部
的工作物质发生
受激辐射。

哼，没这
么容易！

啪

放出的光被激光
振荡器两端的镜面反射，
在内部往返。

答案见第212页。

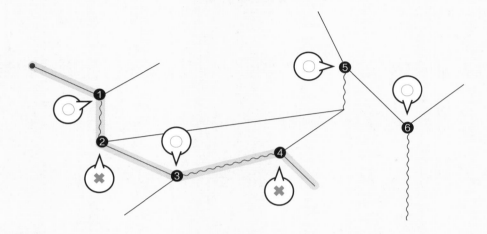

走出费曼图迷宫！

特别指令！
请制造出激光

著作权合同登记号　图字：01-2022-1351

图书在版编目（CIP）数据

量子物理，好玩好懂！.5,费曼与量子计算机 /（韩）李亿周著；（韩）洪承佑绘；王忆文译 ．—北京：
北京科学技术出版社, 2022.11（2024.3重印）
ISBN 978-7-5714-2213-4

Ⅰ.①量… Ⅱ.①李… ②洪… ③王… Ⅲ.①量子论－儿童读物 Ⅳ.① O413-49

中国版本图书馆 CIP 数据核字（2022）第 048545 号

策划编辑：刘珊珊	邮政编码：100035
营销编辑：贺琳子　王艳伟	电　话：0086-10-66135495（总编室）
责任编辑：樊川燕	0086-10-66113227（发行部）
责任校对：贾　荣	网　址：www.bkydw.cn
封面设计：北京弘果文化传媒	印　刷：北京宝隆世纪印刷有限公司
图文制作：天露霖	开　本：787 mm×1092 mm　1/16
责任印制：张　良	字　数：169 千字
出 版 人：曾庆宇	印　张：13.5
出版发行：北京科学技术出版社	版　次：2022 年 11 月第 1 版
社　　址：北京西直门南大街 16 号	印　次：2024 年 3 月第 4 次印刷
ISBN 978-7-5714-2213-4	

定　价：56.00 元